BIBLIOTHÈQUE DES FAMILLES ET DES PAROISSES

SÉRIE AGRICOLE

DES

INSTRUMENTS

ARATOIRES

ET DES TRAVAUX DES CHAMPS

PAR

A. YSABEAU, agronome

PARIS

VICTOR POULLET, LIBRAIRE-ÉDITEUR

7, RUE DU CHERCHE-MIDI, 7

AGRICULTURE

DES

INSTRUMENTS ARATOIRES

ET DES

TRAVAUX DES CHAMPS

PARIS — IMPRIMERIE SIMON RAÇON ET COMP., 1, RUE D'ERFURTH.

BIBLIOTHÈQUE DES FAMILLES ET DES PAROISSES
SERIE AGRICOLE

DES

INSTRUMENTS ARATOIRES

ET DES

TRAVAUX DES CHAMPS

PAR

A. YSABEAU

AGRONOME, ANCIEN PROFESSEUR D'HISTOIRE NATURELLE

PARIS
VICTOR POULLET, LIBRAIRE-ÉDITEUR
7, RUE DU CHERCHE-MIDI, 7

1858

NOTIONS PRÉLIMINAIRES

L'agriculture est forcément la profession de la majorité des habitants des pays civilisés ; personne ne lui conteste le premier rang parmi les diverses branches du travail utile ; nous avons en France vingt-cinq millions de cultivateurs : combien y en a-t-il de bons ? Les instruments aratoires, comparés à ceux dont dispose l'industrie manufacturière, sont dans un état déplorable d'infériorité ; les méthodes pratiquées pour l'exécution des travaux des champs ne sont presque nulle part les meilleures qu'on puisse adopter ; elles sont fréquemment les plus mauvaises, n'ayant pour raison d'être que la force de l'habitude et la difficulté, souvent insurmontable pour le cultivateur, d'en connaître de plus rationnelles que celles qui sont en usage dans son canton de temps immémorial.

Si l'on considère séparément l'outillage de l'industrie agricole, la cause de son infériorité semble évidente. Lorsqu'un habile mécanicien s'applique à perfectionner, par exemple, le métier à tisser, il sait que les fabricants de drap ou de toile lui payeront son travail tout ce qu'il peut valoir ; s'il s'applique à perfectionner la charrue, il sait d'avance que les cultivateurs n'ont ni la volonté ni les moyens de rétribuer son génie inventif.

Et puis, en dehors des considérations d'argent, le cultivateur n'adopte que difficilement un instrument nouveau ; il se dit qu'en achetant une charrue perfectionnée il n'achèterait pas en même temps le talent de s'en bien servir. Avec la charrue qu'il connaît, si défectueuse qu'elle puisse être, il sait où il va ; sa besogne, à un moment donné, sera faite, sinon très-bien, au moins passablement. Faire usage d'un instrument nouveau pour lui, c'est se lancer dans l'inconnu ; le paysan y répugne, on ne peut pas l'en blâmer. Au fond, l'esprit de routine reproché aux habitants des campagnes n'est le plus souvent que de la prudence.

Cela ne diminue en rien la supériorité des bons instruments sur les mauvais : c'est le simple énoncé de l'une des causes qui s'opposent le plus énergiquement à leur adoption.

Quant aux travaux des champs, pour les bien exécuter, trois éléments sont nécessaires : l'activité, le savoir, l'argent. L'activité ne manque pas au paysan ; c'est de tous les travailleurs celui qui se repose le moins, sans distinction de fortune ; le riche fermier ne prend pas plus de repos que le plus humble laboureur. Le savoir et les capitaux manquent également à la grande masse des cultivateurs ; il n'y a d'exception que dans quelques-uns de nos pays de grande culture, où les fermiers font en général donner à leurs enfants une bonne éducation, sans les diriger vers une carrière autre que celle de l'industrie agricole : c'est l'exception qui confirme la règle.

On ne peut donc se faire illusion sur les difficultés qui s'opposent à l'emploi des meilleurs instruments aratoires et des meilleures méthodes pour l'exécution des travaux des champs. C'est une raison pour ne pas se lasser de propager parmi les cultivateurs la connaissance des bons instruments aratoires et des bonnes méthodes de culture. Plus la route à parcourir est longue, plus il importe de se mettre en chemin de bonne heure, et de marcher avec persévérance, si l'on veut finir par arriver.

Le matériel à l'usage de l'industrie agricole est naturellement divisé en deux séries, dont la première comprend tout ce qui sert directement aux travaux de culture, depuis la pioche et la bêche jusqu'aux charrues les plus parfaites : ce sont les *instruments aratoires* proprement dits ; les *instruments* de *transport*, qui jouent un rôle si important dans l'exploitation du sol, se rattachent à cette série. La seconde renferme toutes les *machines* et tous les *appareils* à l'usage de l'agriculture, depuis les semoirs jusqu'aux machines les plus compliquées servant au battage des céréales.

DES

INSTRUMENTS ARATOIRES

ET DES

TRAVAUX DES CHAMPS

PREMIÈRE PARTIE

DES INSTRUMENTS ARATOIRES

CHAPITRE PREMIER.

La bêche, la pioche, la charrue.

Instruments aratoires. — Bêche commune, la plus usitée. — Bêche à tranchant courbe. — Bêche flamande. — Pioche-houe. — Hoyau. — Tranche. — Pic. — Bêchard. — Charrue. — Aramon phocéen. — Fourcas romain. — Arriau gaulois. — Charrues avec avant-train. — Pièces dont elles se composent. — Age ou flèche. — Sep ou talon. — Soc. — Versoir. — Coutre ou couteau. — Avant-train. — Soc, sa forme, ses fonctions. — Versoir de bois, de fonte, de fer forgé. Position du coutre. — Charrues françaises. — Charrue Dombasle, ou araire de Roville. — Grangé. — Rozé. — Charrues étrangères. — De Brabant. — Anglaise de Ransome. — Écossaise de Small. — Rohadlo de Bohême. — Problème à résoudre pour une bonne charrue. — Équilibre de ses parties. — Charrue fouilleuse d'Altenburg. — Ses usages.

Les instruments aratoires, dans le sens le plus précis de cette expression, sont ceux qui servent particu-

1.

lièrement à labourer ; ce sont, pour les labours à bras, la *bêche* et la *pioche*, et, pour les labours à l'aide d'attelages, la *charrue*.

Bêche. — La bêche est la charrue de la petite culture ; bien qu'elle soit plus spécialement à l'usage du jardinier, elle est cependant assez fréquemment employée par le laboureur, soit pour planter le colza et les pommes de terre, soit pour dégager en hiver les rigoles d'égouttement de ses champs emblavés, lorsqu'elles sont obstruées par les éboulements survenus à la suite des dégels. La forme et les dimensions des bêches ne sont point indifférentes ; avec une bonne bêche, un ouvrier de moyenne force peut faire dans un temps donné un quart ou même un tiers de travail de plus que ce qu'il pourrait faire avec une bêche défectueuse. Les bêches varient selon la nature des terrains qu'elles doivent entamer.

La bêche commune, à fer plat, un peu élargie à sa partie supérieure, à lame parfaitement droite, est la plus usitée ; c'est aussi celle qui convient le mieux pour labourer les terres de consistance moyenne. S'il s'agit d'entamer un sous-sol dur, compacte, mêlé de pierres et de cailloux, le tranchant de la bêche doit être en ligne légèrement courbe, terminé à ses deux angles par deux pointes renforcées, servant en cas de besoin à faire pénétrer le fer de l'instrument là où celui de la bêche commune n'entrerait qu'avec beaucoup de difficulté.

Pour les terres excessivement légères comme le sont toutes celles dans lesquelles le sable siliceux est l'élément dominant, la meilleure bêche est la *bêche fla-*

mande, à fer en forme de carré long, aussi large à son bord tranchant qu'à sa partie supérieure. Cette bêche, au lieu d'être plate comme les deux précédentes, est

Bêche flamande.

légèrement courbe de bas en haut dans le sens de sa longueur. Si l'on déplace avec la bêche flamande une motte de terre dépourvue de consistance, elle ne peut pas glisser et retomber sans laisser à l'ouvrier le temps de la retourner et de la déposer à la place qu'elle doit occuper ; retenue par le léger creux de la bêche vers le milieu de sa longueur, elle reste entière, de sorte que la labour peut être exécuté avec autant de régularité que si l'ouvrier retournait un bloc de la terre argileuse la plus consistante. Dans tout le pays flamand, lorsqu'on dresse avec une bêche de cette espèce les rigoles de séparation entre les planches d'un champ de lin ou de chanvre, la terre est jetée en l'air par le laboureur et frappée vivement avec le revers de la bêche, sans lui laisser le temps d'arriver jusqu'à la surface du sol ; elle n'y retombe que sous forme de poussière grossière, ce qui la distribue très-également sur toute la surface de la planche ; cette manœuvre, très-utile pour divers genres de culture, est difficile avec toute autre bêche que la bêche flamande.

Il importe beaucoup au succès de la petite et de la moyenne culture, où la plupart des façons se donnent à la bêche, que le cultivateur apporte le plus grand soin dans le choix de cet instrument; l'homme et la bêche doivent parfaitement se convenir; la forme, le poids, la longueur du manche, doivent être appropriés à la taille et à la vigueur de celui qui doit se servir de la bêche, afin que, dans un temps donné, il puisse faire la plus forte somme du meilleur travail possible, avec le moins possible de dépense de force; avec une mauvaise bêche, on ne peut faire qu'un mauvais labour, tout en prenant moitié plus de peine que pour en faire un bon.

Pioche. — La pioche est connue dans plusieurs de nos départements sous les noms de *houe* et de *hoyau*, et sous diverses dénominations locales. C'est dans tous les cas un instrument dont le fer à bord tranchant forme un angle plus ou moins ouvert avec le manche, auquel il est adapté par une douille. On ne se sert de la pioche qu'en se courbant, et en avançant droit devant soi.

La pioche la plus usitée porte dans tout l'ouest de la

Tranche.

France le nom de *tranche*, parce que sa lame, forte et bien affilée sur le bord, tranche profondément le bloc de terre, que l'ouvrier enlève en ramenant à lui le manche de l'instrument. La tranche est surtout usitée dans les pays de landes et de bruyères incultes, pour les opérations de défrichement. Un autre modèle de pioche également très-employé est formé de deux parties à peu près d'égale longueur, entre lesquelles est placée la douille; le côté opposé à la tranche, qui dans ce cas fait avec le manche un angle droit, est terminé en pointe; il sert au besoin à déraciner les pierres qui peuvent se trouver dans le sous-sol, et sur lesquelles la tranche s'émousserait sans les entamer. Pour les terrains où les obstacles de cette nature se rencontrent fréquemment, il est souvent nécessaire d'avoir recours à un genre particulier de pioche nommé *pic*, armé comme le précédent d'un fer à deux divisions égales très-fortes et très-longues, l'une tranchante, l'autre pointue; c'est le même instrument dont les paveurs se servent en tout pays sous le même nom.

Dans le centre de la France, on donne plus spécialement le nom de *houes* à des pioches dont les fers affectent des formes diverses appropriées à leur destination. La houe à fer carré ou triangulaire sert à donner

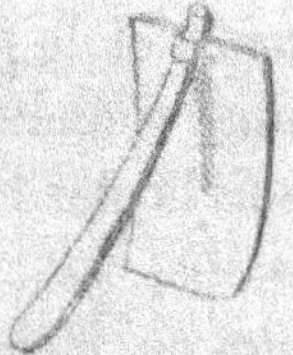

Houe à fer carré.

au sol des façons superficielles, besogne que cet instrument exécute d'une manière très-expéditive; on s'en sert aussi pour planter et buter les pommes de terre. La houe à deux longues dents plates sert dans tout le midi de la France à piocher le sol des vignobles ; elle y est connue sous le nom de *béchard* ; c'est le meilleur

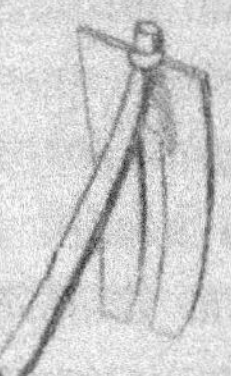

Béchard.

instrument qu'on puisse adopter pour cette besogne, ainsi que pour l'arrachage des pommes de terre, des carottes et des autres racines fourragères.

Charrue. — La charrue est sans contredit le premier des instruments aratoires ; il s'en faut de beaucoup qu'elle en soit partout le plus parfait. La plus grande partie du sol de la France est labourée par des charrues d'une simplicité toute primitive, incapables d'exécuter un bon labour. Dans tous nos départements du littoral de la Méditerranée, on ne connaît en fait de charrue que l'*aramon* et le *fourcas*, deux instruments, l'un grec, l'autre romain, qui n'ont subi aucune modification depuis la plus haute antiquité. L'aramon, charrue phocéenne, est resté tel que l'employaient les fondateurs de Marseille, 500 ans avant l'ère chrétienne. Le fourcas est le même instrument que les Romains ont importé dans le midi de la Gaule à l'époque où ils en ont commencé la conquête. Dans les départements de l'ouest et du centre, on emploie encore à peu près partout l'*arriau*, charrue gauloise qui n'a pas plus été modifiée que l'aramon et le fourcas. Si Jules César revenait au monde, il reconnaîtrait l'arriau avec lequel les Celtes labouraient les plaines fertiles de leur pays lorsqu'il en fit la conquête. Dans nos départements les mieux cultivés, où beaucoup de cultivateurs éclairés ont adopté les charrues les mieux appropriées à leur sol et aux récoltes qu'ils lui demandent, on rencontre encore des charrues déplorables, dont l'usage ne se perpétue que par la force de l'habitude. Telle est entre autres la lourde et grossière machine connue dans le Nord et l'Aisne sous le nom de *haruas*.

Les bonnes charrues dignes de ce nom sont comprises dans deux sections ; la première est composée des *charrues* proprement dites, munies en avant de deux roues supportant un avant-train. La seconde section renferme toutes les charrues sans avant-train ; on les désigne sous le nom spécial d'*araires*.

Pièces de la charrue. — Une charrue complète est composée de six pièces principales. L'*age* ou *flèche*, le *sep* ou *talon*, le *soc*, le *versoir*, le *coutre* et l'*avant-train*.

L'age est terminé à l'une de ses extrémités par deux manches ou *mancherons*, qui servent principalement au laboureur à maintenir parfaitement égale la profondeur des raies sur toute leur longueur. C'est aussi à l'aide des mancherons que le laboureur fait tourner la charrue lorsqu'il arrive au bout d'un sillon, et qu'il la replace dans la direction voulue pour ouvrir la raie suivante. L'age de la charrue est ordinairement formé d'une solide pièce de bois de chêne ; dans les pays où le fer n'est pas d'un prix trop élevé, le fer remplace le bois ; cette substitution du fer au bois augmente peu le poids de la charrue ; la solidité du métal permet dans ce cas de donner à l'age beaucoup moins d'épaisseur. L'age supporte toutes les autres pièces ; les palonniers de l'attelage sont fixés à sa partie antérieure, munie ordinairement d'une forte fiche à crémaillère au moyen de laquelle le point d'attache et la ligne de tirage peuvent être modifiés selon le degré *d'entrure*, c'est-à-dire selon la profondeur à laquelle le sol doit être labouré. Dans les charrues proprement dites, l'avant-train supporte le bout de l'age fortement incliné de haut en bas.

Le *sep* ou *talon*, lorsqu'il est de bois, est garni d'une bande de fer ; il glisse sur la terre dans le fond de la raie pendant que la charrue fonctionne ; c'est le sep qui sert de trait d'union entre l'age et les autres parties de la charrue.

Le *soc*, de forme plate, triangulaire, à bords tranchants, à pointe acérée, est la partie de la charrue qui ouvre la terre et supporte tout l'effort de la traction de l'instrument ; il s'use vite et doit être souvent réparé ou renouvelé.

Le *versoir* a pour fonction, comme son nom l'indique, de verser de côté la bande de terre entamée par le soc ; sa hauteurs et sa longueur doivent être proportionnées à la profondeur du labour que la charrue doit exécuter. Si le versoir est trop étroit et trop court, une partie de la bande de terre passe par-dessus et retombe dans la raie, ce qui rend le labour très-irrégulier. Si la charrue ne doit donner que des labours superficiels, et que le versoir soit trop long et trop large, le poids de l'instrument ainsi que la résistance à vaincre sont augmentés sans nécessité, ce qui impose à l'attelage comme au laboureur un surcroît de fatigue inutile.

Dans les charrues bien construites, le versoir a la forme d'une portion de spirale plus ou moins ouverte ; il est rivé au soc, dont il ne doit être que la continuation. Le versoir est quelquefois un simple morceau de bois plat, ce qui peut suffire à la rigueur, quand il s'agit de labourer une terre sèche, saine et très-légère ; un versoir de bois dure peu et s'empâte pour peu que la terre soit mouillée. En général, le versoir doit être de fonte de fer ou de fer forgé. Quand la charrue doit fonctionner dans un sol dur et mêlé de cailloux, le versoir de fonte casse à chaque instant ; n'étant pas réparable, il doit être remplacé, et, comme ses morceaux n'ont pour ainsi dire aucune valeur, les versoirs de fer forgé, bien qu'ils coûtent beaucoup plus cher que ceux de fonte, sont, en dernière analyse, les plus économiques.

Le *coutre*, aussi nommé *couteau* dans nos pays de grande culture des céréales, a pour fonction de couper net et verticalement la bande de terre qui doit être entamée par le soc et retournée par le versoir ; son inclinaison est variable à volonté ; il se place dans l'alignement de la pointe du soc ; il est fixé à l'age, soit en passant par une ouverture qui traverse toute l'épaisseur de cette pièce, soit sur le côté, au moyen d'un écrou et d'une vis de pression. Il importe que le coutre soit assez fort et assez bien affilé pour n'être point arrêté par les racines des plantes sauvages qu'il doit trancher en avant du soc.

Avant-train. — L'empire de la coutume maintient seul l'usage de faire supporter la partie antérieure de l'age par un avant-train muni de deux roues, semblable, sauf les dimensions, à l'avant-train d'un chariot à quatre roues. La supériorité des charrues sans avant-train est actuellement si bien démontrée, qu'elle est admise par l'unanimité des agronomes. Dans la pratique, l'avant-train disparaît peu à peu, et l'on peut dès à présent prévoir l'époque peu éloignée où toutes les charrues seront débarrassées de cette pièce superflue et embarrassante, qui perd du terrain chaque année.

Toutes les pièces qui viennent d'être décrites se trouvent dans les charrues sans avant-train ou *araires*. Souvent la partie postérieure de l'age des araires se termine par un seul mancheron; dans ce cas le laboureur dirige d'une main la charrue, l'autre main restant libre pour guider son attelage.

Charrues françaises et étrangères. — Les meilleures charrues qui labourent le sol français sont la *charrue Dombasle*, aussi connue sous le nom d'*Araire de Roville*, du nom de la Ferme-Ecole de Roville où le prince des agronomes français l'avait introduite; la *charrue Grangé* et la *charrue Rozé*, qui portent l'une et l'autre le nom de leurs inventeurs. A l'étranger, les charrues les plus parfaites sont en Belgique, la *charrue de Brabant*; en Allemagne, le *Rohadlo* ou *charrue de Bohême*; en Angleterre, la *charrue Ransome*; en Ecosse, la *charrue de Small*; en Italie, les charrues *Ridolfi* et *Sambuy*.

De toutes ces charrues, la plus parfaite à tous égards est la charrue de Brabant; dans tout le nord de la France, où elle est très-usitée, cette charrue est nommée par abréviation un *Brabant*. C'est en grande partie à l'usage de cette excellente charrue que la Belgique doit

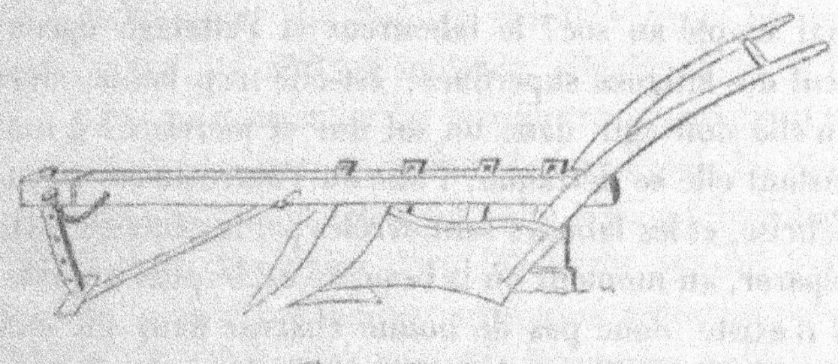

Charrue Dombasle.

l'avantage d'être l'un des pays les mieux labourés de toute l'Europe. Un fait fort curieux, c'est que la charrue de Brabant (figurée exactement dans son état actuel sur plusieurs miniatures sur vélin du onzième et du douzième siècles, conservées à Bruxelles à la bibliothèque de Bourgogne) n'a pas pu, durant une longue suite de siècles, se faire adopter en dehors du territoire où elle est employée depuis une époque si reculée qu'il est impossible d'en trouver l'origine.

Ce n'est que de nos jours que, par les efforts persévérants des amis éclairés du progrès agricole, la charrue de Brabant gagne du terrain et se propage dans les plaines du Nord, du Pas-de-Calais et de la Somme.

Si l'on compare à la charrue de Brabant, la charrue Dombasle, la charrue Ransome et les autres charrues les plus perfectionnées, soit en France, soit dans les autres pays de l'Europe, on voit qu'elles reposent toutes sur le même principe, et que toutes sont appelées à résoudre le même problème : obtenir le meilleur labour possible avec le moins possible de dépense de force, de la part du laboureur et de son attelage.

La charrue est-elle trop pesante, et son versoir est-il mal adopté au soc? le laboureur et l'attelage éprouvent des fatigues superflues; est-elle trop faible, alors qu'elle doit agir dans un sol dur et pierreux? à tout instant elle se détraque; l'une ou l'autre de ses pièces se brise, et les labours sont arrêtés par la nécessité de la réparer, au moment où la besogne est le plus urgente. Il n'existe donc pas de bonne charrue dans un sens absolu; la meilleure charrue est celle qui peut effectuer les meilleurs labours, selon la nature du sol dans lequel elle est appelée à fonctionner.

L'un des points les plus importants, quelle que soit d'ailleurs la force ou la légèreté d'une charrue, c'est qu'elle soit parfaitement équilibrée, et que, une fois son entrure réglée, le soc se maintienne dans la raie à une profondeur uniforme, pour ainsi dire sans l'intervention du laboureur. Ce genre de mérite est surtout le caractère distinctif de l'araire de Roville (charrue Dombasle), de la charrue, de Brabant et de la charrue Grangé. Lorsque Grangé, simple laboureur, eut perfectionné sa charrue pour laquelle il obtint la décoration de la Légion d'honneur, il fit voir dans une expérience publique, à laquelle assistèrent les premiers agronomes de France, que, une fois le sillon entamé, il pouvait se croiser les bras en suivant son attelage, sans

avoir besoin de porter la main sur les mancherons;
l'instrument maintenait son équilibre, et la raie se trou-
vait tracée à une profondeur parfaitement uniforme sur
toute sa longueur.

Lorsqu'une charrue très-bonnne et très-bien cou-
struite en apparence *ne tient pas son entrure*, comme
dit le laboureur, elle l'oblige tantôt à peser sur les
mancherons, tantôt à les soulever; elle double sa fatigue, pour ne donner qu'un labour très-imparfait. On
doit donc regarder comme l'un des caractères les plus
essentiels d'une bonne charrue, celui d'exécuter un bon
labour entre les mains d'un laboureur attentif à sa
besogne, mais d'une habileté seulement ordinaire; une
charrue est défectueuse quand le laboureur qui la fait
agir ne réussit qu'à force d'habileté et de fatigue à en
obtenir un labour passable.

Charrue fouilleuse. — Quand le sous-sol est d'une
mauvaise nature, il est quelquefois nécessaire de l'ameu-

Charrue fouilleuse.

blir sans le ramener à la surface; ce travail ne peut se
faire qu'avec une charrue d'une forme spéciale, dési-

gnée sous le nom de *charrue fouilleuse*. C'est une charrue sans versoir qu'on fait fonctionner à la suite d'une forte charrue ordinaire; elle fouille le fond de la raie sans en déplacer la terre ni la rapprocher de la surface. La meilleure et la plus généralement employée des charrues fouilleuses est celle du pays d'Altenburg, en Saxe.

CHAPITRE II.

Le buttoir, l'extirpateur, le scarificateur, la houe à cheval, les herses, les rouleaux.

Instruments aratoires complémentaires de la charrue. — Buttoir. — Ses divers usages. — Buttage. — Formation des billons. — Extirpateur. — Son utilité. — Griffon. — Son emploi pour ouvrir le sol. — Scarificateur. — Son action sur les terres à défricher. — Comment on le substitue à l'extirpateur, et réciproquement. — Houe à cheval. — Soins à prendre pour la faire fonctionner. — Herse commune à dents de fer. — A dents de bois. — Disposition des dents. — Herse anglaise pour les semailles de graines graminées. — Rayonneur. — Rouleau de bois. — Rouleau compresseur. — Rouleau. — Squelette. — Rouleau à cercles dentés. — Herse de Norvége.

La pratique de l'agriculture rationnelle exige l'emploi d'un assez grand nombre d'instruments aratoires qui ne sont pas des charrues; le sol bien cultivé doit recevoir, indépendamment des labours, diverses façons que la charrue proprement dite ne peut pas lui donner. En France, il s'en faut de beaucoup que cette partie accessoire du matériel agricole soit d'un usage vulgaire, malgré son utilité incontestable et incontestée. Nous avons vu des cultivateurs des parties de notre territoire où l'industrie agricole est le moins avancée s'arrêter, à l'exposition agricole universelle, devant ces instruments entièrement nouveaux pour eux, et se demander en les examinant : A quoi tout cela peut-il donc servir ? Cette division des instruments aratoires comprend le *buttoir*, l'*extirpateur*, le *scarificateur* et la *houe à cheval*.

Deux autres genres d'instruments très-variés dans leurs formes et leurs dimensions ne sont pas moins nécessaires que la charrue elle-même à la bonne exécution des travaux des champs ; leur emploi est aussi général que celui des instruments de la division précédente est limité ; ils forment une division distincte, comprenant les *herses* et les *rouleaux*.

Buttoir. — Celui qui voit un buttoir pour la première fois peut aisément le prendre pour une charrue : il en a en effet toutes les pièces ; aussi est-il souvent désigné sous le nom de *charrue à butter*. — Il diffère

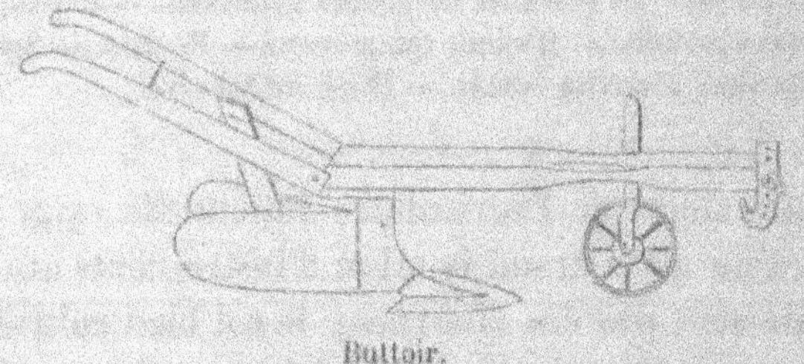

Buttoir.

essentiellement d'une vraie charrue en ce que son soc est accompagné de deux versoirs au lieu d'un. Il en résulte qu'en faisant fonctionner le buttoir, le laboureur ne peut pas, comme avec la charrue, lever une bande de terre et la rejeter sur le côté de la raie ; il ne peut qu'ouvrir un sillon, dont la terre est versée également des deux côtés, ce qui ne constitue pas à proprement parler un labour. Plusieurs plantes cultivées, spécialement la pomme de terre et le maïs, ont besoin, pendant le cours de leur végétation, que le cultivateur rassemble la terre au collet de leurs racines; ce travail se nomme *buttage*. Dans la petite culture, les buttages se donnent avec les houes de diverses formes; dans la grande culture, on butte les pommes de terre et le maïs avec le buttoir. Quand cet instrument fonctionne entre deux rangées de plantes cultivées en lignes, il les butte avec beaucoup d'économie de temps et de travail, comparativement à ce qu'exige la même façon exécutée à bras, à la houe.

L'opération du buttage n'est pas la seule pour laquelle le laboureur ait lieu de recourir au buttoir. Il est souvent très-utile à l'ameublissement des terres argileuses compactes de les façonner en *ados* ou *billons*, c'est-à-dire en raies à arêtes très-saillantes. Les billons peuvent être formés avec une charrue quelconque, en versant l'une contre l'autre deux bandes de terre, l'une en allant, l'autre en revenant. Le buttoir fait la même besogne deux fois plus vite, en ouvrant des raies suffi- samment profondes et convenablement espacées. Le plus souvent, les travaux de ce genre se font à la fin de l'automne, pour que, pendant l'hiver, la terre qui doit être ensemencée au printemps offre plus de prise à l'action bienfaisante des agents atmosphériques.

Le buttoir n'est ni plus cher à acquérir ni plus dif- ficile à manœuvrer qu'une charrue ordinaire: il est utile dans tant de circonstances, qu'il devrait être con- sidéré comme indispensable

Extirpateur. — Le nom de cet instrument indique sa fonction principale, qui consiste à extirper le chien- dent et les autres mauvaises herbes à racines vivaces. C'est un châssis triangulaire porté sur trois roues, et

garni de traverses à chacune desquelles est adapté un
certain nombre de socs plats, triangulaires, à bords
très-tranchants. Ces socs donnent très-rapidement à la
terre labourée une façon superficielle ; en prenant une
grande largeur d'un seul trait, ils entraînent avec eux
toutes les racines que le travail de la herse n'a pas pu
ramener à la surface. Quand l'extirpateur est construit
sur de petites dimensions, il n'a qu'une traverse avec
seule roue sur le devant, et il ne porte que trois socs.
Dans tous nos départements du Midi, ce genre d'extirpateur porte le nom de *griffon* ; on s'en sert, non pour

Extirpateur-griffon.

extirper la mauvaise herbe, mais pour empêcher la
terre de se *fermer* par l'effet de la sécheresse prolongée,
c'est-à-dire de se prendre en masse compacte, ce qui
rendrait plus tard les labours d'automne presque im-
possibles.

Le travail de l'extirpateur, moitié plus économique
que celui de la charrue, contribue très-efficacement à
développer la fertilité du sol, en y laissant pénétrer
l'air et la rosée, et en s'opposant au développement de
la mauvaise herbe. Les socs de l'extirpateur sont mobiles ; on peut les espacer à volonté, en augmenter ou en
diminuer le nombre, et varier la profondeur à laquelle
ils pénètrent dans le sol.

Scarificateur. — Cet instrument consiste habituellement en un cadre en forme de carré long, armé, non pas de socs comme l'extirpateur, mais de couteaux droits, qui tranchent la terre sans la déplacer. On se sert surtout du scarificateur pour faciliter le premier labour des terres incultes en voie de défrichement. Quant le scarificateur a passé en long et en large dans une pièce de terre à défricher, il faut y regarder de très-près pour en voir la terre; mais, si l'on y met ensuite une forte charrue, les racines dont le sol est encombré étant coupées verticalement, la charrue le lève en blocs carrés, sans plus de difficulté que si elle agissait dans une terre anciennement en culture.

Les couteaux du scarificateur se déplacent, comme les socs de l'extirpateur; il en resulte qu'un seul de ces instruments, avec un assortiment de socs et de couteaux de rechange, peut tenir lieu de tous les deux, et servir alternativement de scarificateur et d'extirpateur.

Houe à cheval. — Cet instrument ne peut être utilisé que dans les exploitations où l'on pratique l'excellente méthode des semailles en lignes au moyen du semoir. En faisant agir la houe à cheval entre les lignes, on donne aux plantes cultivées, non pas un buttage comme avec le buttoir, mais un sarclage qui en fait entièrement disparaître la mauvaise herbe. Les socs dont la houe à cheval est armée n'ont pas besoin de pénétrer très-avant dans le sol; ils doivent seulement y couper entre deux terres les racines de la mauvaise herbe; le tirage de l'instrument est faible; il fonctionne aisément avec un seul cheval de force moyenne La houe à cheval ne peut être dirigée que par un ouvrier adroit et attentif; car, pour peu qu'elle s'écarte de la ligne droite, elle endommage les lignes de plantes cultivées, et en détruit une partie en même temps que la mauvaise herbe.

Herses. — La herse est un instrument tellement vulgaire, que pas un système de culture ne peut s'en passer; la herse la plus usitée est un cadre carré ou en forme de trapèze, dont les traverses sont armées de dents plus ou moins espacées. Les fonctions de ces dents sont de compléter la besogne commencée par le soc de la charrue; la herse agit sur les terres labourées à la charrue comme le râteau sur la terre labourée à la bêche. Pour que cet effet soit produit, il faut que les dents de la herse soient placées, non pas en regard les unes des autres, mais vis-à-vis du milieu de l'espace libre entre les dents de la traverse suivante. Par cette disposition, quand la herse est promenée sur la surface d'un champ labouré, aucune des dents ne peut passer dans la petite raie ouverte par une autre dent: aucune partie de la surface hersée n'échappe ainsi à l'action des dents; c'est la condition essentielle d'un bon hersage.

Les dents de la herse peuvent être de bois ou de fer; la herse à dents de bois suffit pour le hersage superficiel des terres très-légères; la herse à dents de fer est nécessaire pour le hersage des terres fortes. La herse à dents de fer est employée même sur les terres légères, lorsqu'il est nécessaire de ramener à la surface les racines vivaces de la mauvaise herbe, pour les faire sécher et les brûler. Dans une partie de nos départements de l'ouest, le sol est labouré, non pas à plat, mais en planches étroites, très-bombées, séparées par des rigoles profondes; pour herser ces planches, on se sert de petites herses à dents de fer ou de bois, dont le cadre est convexe et dont par conséquent les dents sont convergentes ; elles prennent très-exactement toute la largeur de chaque planche, qui n'est en réalité qu'un billon un peu large ; leur action s'y exerce régulièrement, comme celle de la herse commune sur les terres labourées à plat.

En Angleterre on emploie, pour les semailles de graines de graminées destinées à créer des prairies permanentes, un genre de herse tout particulier, dont l'usage commence à se propager en France. Cette herse consiste dans un assemblage de tringles de fer, armées de dents de fer fines et courtes, qui mêlent la graine à la couche superficielle sans l'enterrer ; la graine est ainsi placée dans les meilleures conditions pour échapper à la voracité des oiseaux, et pour germer le plus rapidement possible. Si, après avoir été répandues sur le sol labouré et hersé, elles étaient enterrées par un second hersage donné avec la herse commune, les graines de graminées ne lèveraient pas, et la semaille serait à recommencer.

Rayonneur. — On nomme rayonneur une sorte de herse à dents courtes, très-écartées, dont le seul usage est de tracer sur le sol hersé, puis égalisé par l'action du rouleau, des lignes à des distances égales entre elles, afin de régulariser les semis en lignes à la main, ou la transplantation des plantes sarclées.

Rouleaux. — Le rouleau sert à raffermir et à égaliser la surface du sol, soit avant, soit après les semailles ; le plus communément usité est de bois. On doit en avoir de divers diamètres, par conséquent de pesanteurs différentes, selon la nature plus ou moins légère des terres sur lesquelles ils doivent agir.

Pour consolider les terres excessivement légères, sujettes à se soulever à la suite des alternatives de gelées et de dégels, on fait usage de *rouleaux compresseurs* très-pesants, soit en pierre dure, soit en fonte de fer. Ces derniers, de forme parfaitement cylindrique, sont creux à l'intérieur ; on augmente leur poids selon le besoin, en les remplissant de pierres.

Le *rouleau squelette*, instrument d'invention anglaise, est usité dans les cantons au sol très-argileux, en qualité de brise-mottes. On sait que les terres fortes, labourées un peu trop humides, et prises à la suite du labour par une sécheresse de quelque durée, ou bien entamées par la charrue alors qu'elles sont un peu trop sèches, se lèvent en gros blocs, durs comme des pierres ; ces blocs ne sauraient être divisés par les herses les plus pesantes ; elles n'y produisent pour ainsi dire aucun effet. On les ameublit aisément à l'aide du rouleau squelette, composé de cercles parallèles entre eux, montés sur un axe commun, et dont chacun, pris isolément, est assez tranchant pour broyer les mottes de terre les plus dures.

Enfin, on connaît sous le nom de *herse de Norvége*, bien que ce ne soit point une herse, un autre genre de rouleau squelette, dont les cercles sont armés sur leurs bords de dents de scie, ce qui rend leur action encore plus énergique que celle des cercles tranchants du rouleau squelette anglais. Peut-être bien des cultivateurs diront-ils, en lisant la description de ces instruments peu répandus dans nos exploitations rurales, qu'on

peut sans tout cet attirail obtenir de belles moissons.
Cela se peut, assurément ; mais, si notre mère nourri-
cière, la terre, est assez indulgente pour nourrir ceux
qui la labourent mal, avec de mauvais instruments, on
peut tenir pour certain qu'elle récompense encore
mieux le travail intelligent de ceux qui n'épargnent
rien pour la cultiver avec les instruments les plus capa-
bles de développer son inépuisable fécondité.

CHAPITRE III.

Des instruments de transport à l'usage de l'agriculture.

Choix des instruments de transport pour les exploitations rurales. — Tombereau des Landes. — Manière de le vider. — Charrette à bœufs de l'ouest de la France. — Ses défauts. — Brouette à côtés pleins. — A claire-voie. — A couvercle pour les engrais liquides. — Civière en trémie. — En échelle. — Avantages comparés des charrettes et des chariots. — Tombereau. — Son utilité spéciale. — Charrette commune. — Guimbarde. — Charrette écossaise. — Ses avantages. — Chariots flamand et picard. — Chariot à la Malbrouck. — Sa construction. — Économie résultant de son emploi.

Les frais de transport des engrais de la ferme aux champs, et des produits des champs, soit à la ferme, soit au marché, sont toujours une charge fort lourde pour le cultivateur ; c'est une des fuites par lesquelles s'échappent les bénéfices des exploitations agricoles. Que doit-il faire pour diminuer les chances de perte par cette voie ? D'abord, contribuer de bonne volonté pour sa part à l'entretien des chemins vicinaux de sa commune ; puis, apporter un soin judicieux dans le choix de ses instruments de transport.

Il règne à ce sujet d'un bout de la France à l'autre une extrême diversité d'usages. Dans les départements dont l'agriculture est le plus arriérée, les instruments de transport n'ont pas reçu la plus légère amélioration depuis une longue suite de siècles. Dans les Landes, par exemple, on ne connaît comme instrument de transport à l'usage de l'agriculture qu'une sorte de tombereau à essieu de bois, dont les roues sont tout simplement deux rouelles de tronc de chêne-liége scié en travers. Pour vider le contenu de ce véhicule, le charretier commence par dételer ; il passe ensuite sous une des roues un levier dont il est muni à cet effet, et jette ainsi son tombereau sur le flanc. Après l'avoir vidé, il le relève par le même procédé, en appliquant son levier du côté opposé, et il attelle de nouveau. Plusieurs cultivateurs de ce pays ont été quittés par leurs charretiers, rien que pour avoir voulu les obliger à se servir de charrettes d'un modèle moins primitif. Dans les départements de l'ouest, des charrettes attelées de quatre et même de six bœufs ne contiennent que de très-faibles charges ; leur construction est tellement défectueuse, que souvent l'équipage et son attelage restent embourbés, ou, selon l'expression locale, *embouillonnés* dans les bourbiers nommés *bouillonnières*, si communs dans ces départements. La réforme des véhicules agricoles ne peut marcher que parallèlement avec la réforme des voies de communication de tous les degrés.

Les instruments de transport à l'usage de l'agriculture sont, pour la petite culture, la *brouette* et la *civière*, et, pour la moyenne et la grande culture, le *tombereau*, la *charrette* et le *chariot*.

Brouette. — La brouette commune, si connue qu'il est superflu de la décrire, est la charrette de la petite propriété. Les paysans des villages voisins des villes du nord de la France ont de très-grandes brouettes, sur lesquelles ils transportent des charges considérables à l'aide d'un chien attelé en avant, et dressé à ce genre de service. Quand la brouette doit servir à transporter de la paille, du foin, des fagots ou d'autres objets également encombrants, elle est de forme très-allongée, à claire-voie, dépourvue de planches sur les côtés. Pour le transport des engrais liquides, la brouette est intérieurement garnie de tôle, et munie d'un couvercle à charnière.

Civière. — On emploie dans la petite culture deux sortes de civière, l'une en forme de trémie posée sur deux brancards, l'autre en forme d'échelle, sans rebords. Chacune de ces civières exige le service de deux hommes ; elles sont particulièrement utiles pour transporter les engrais, et enlever les récoltes dans des champs de peu d'étendue, où la charrette et la brouette elle-même auraient difficilement accès, parce qu'ils sont en pente rapide ou dans des situations peu abordables.

L'opinion des agronomes est partagée sur la question des avantages et des inconvénients, des instruments de transport qui nécessitent l'emploi des animaux d'attelage ; les uns préfèrent les charrettes et tombereaux à deux roues, les autres proclament la supériorité des chariots à quatre roues. L'expérience prouve que, dans celles de nos régions agricoles dont les chemins sont bons ou seulement passables, si le terrain est plus ou moins accidenté, les tombereaux et les charrettes à deux roues sont plus avantageux que les chariots à quatre roues ; ces derniers conviennent surtout pour les pays de plaine. Néanmoins, quel que soit le genre de chemins sur lesquels ces véhicules doivent circuler, les charrettes à un ou deux colliers seulement ont un avantage réel sur les chariots ; avec quatre charrettes bien construites attelées chacune d'un cheval, on effectue plus de transports que sur un seul chariot attelé de quatre chevaux de même force.

Tombereau. — Le caractère propre du tombereau, c'est de pouvoir, grâce à la charnière adaptée à ses brancards, être renversé en arrière sans dételer, et remis dans sa première position lorsqu'il est vide, sans blesser l'animal d'attelage. L'agriculture fait principalement usage du tombereau à un seul cheval ; ce tombereau circule dans les plus mauvais chemins, en plaine comme sur les pentes rapides ; il effectue commodément et sans embarras la plus grande partie des transports agricoles ; il peut-être attelé indifféremment d'un cheval, d'un mulet ou d'un bœuf, et recevoir, pour franchir les passages difficiles, plusieurs animaux d'attelage supplémentaires.

Charrette. — La charrette à deux grandes roues à ridelles, soit pleines, soit à claire-voie, porte, dans tous nos pays de grande culture des céréales, le nom de *guimbarde*. Celles du meilleur modèle ont les ridelles légèrement courbées du dedans au dehors à leur partie supérieure, ce qui permet d'y placer aisément des charges très-encombrantes. Pour le transport des fourrages, ainsi que pour l'enlèvement des récoltes de céréales, on adapte à l'avant et à l'arrière de la guimbarde deux longues ridelles légèrement courbes en dedans, qu'on retire quand cette charrette doit transporter d'autres objets moins volumineux.

Les fermiers des pays qui, comme l'Écosse, par exem-

ple, sont traversés par des routes et chemins parfaitement entretenus, n'ont pas besoin de fatiguer leurs

Charrette guimbarde.

attelages en leur faisant traîner, outre les objets à
transporter, des guimbardes d'un poids considérable.
Ils se servent de charrettes suspendues, à la fois solides
et légères, dont les brancards sont à charnière comme
ceux des tombereaux, et qui peuvent, par conséquent,
être renversées en arrière sans être dételées. Les charrettes de ce genre commencent à être fort usitées en
France, partout où l'état des chemins le permet ; leur
principal avantage, c'est de rendre possible l'emploi
d'animaux d'attelage moins massifs, et d'un prix moins
élevé que ceux dont le service est nécessaire pour traîner
les guimbardes sur de mauvais chemins.

Chariots. — Ce genre de véhicule a pour principal
inconvénient d'être fort lourd ; l'habitude d'employer
de pesants chariots impose aux cultivateurs des plaines

du nord de la France l'obligation d'entretenir des attelages de chevaux de taille colossale, qui consomment
énormément, et qui, avant de traîner ou de porter quoi
que ce soit, ont déjà assez de peine à se porter eux-
mêmes. Les fermiers de cette partie de la France attachent une sorte d'amour-propre à la possession de ces
attelages qui les ruinent, alors que, avec de meilleurs
véhicules, les routes et chemins étant passablement
entretenus, ils pourraient faire faire tout leur service
par des animaux moitié moins forts, qui coûteraient
moitié moins cher et qui mangeraient moitié moins.
Ces énormes chevaux, achetés souvent par pure vanité
à des prix extravagants, sont tout aussi sujets que les
autres aux accidents et aux maladies; leur perte est
pour les fermiers la cause d'une ruine sans remède,
tandis qu'un cheval de bonne race, de taille moyenne,
d'un prix raisonnable, fait un bon service lorsqu'on
l'attelle à une charrette d'un poids supportable, et peut
être facilement remplacé en cas d'accident, sans im-
poser au fermier des sacrifices ruineux. Ces considérations montrent à quel point il importe au cultivateur de
bien choisir, selon les conditions économiques sous
l'empire desquelles il travaille, les meilleurs instruments pour opérer le transport des engrais et des denrées agricoles.

Depuis les guerres du règne de Louis XIV, les cultivateurs d'une partie des plaines de la Belgique, sur notre
extrême frontière du Nord, se servent avec avantage
d'un genre de chariot extrêmement simple, connu
sous le nom de chariot *à la Malbrouck*, parce que le
duc de Marlborough se servait de chariots de ce mo-

dèle pour le transport des bagages de ses armées. La pièce principale du chariot à la Malbrouck est un tronc d'arbre dépouillé de son écorce, auquel on adapte en les inclinant à droite et à gauche, deux ridelles à claire-voie, semblables à des râteliers d'étable. Le tout repose sur deux paires de roues : celles de devant, comme dans le chariot commun, sont plus petites que celles de derrière ; l'avant-train, au moyen d'une cheville en fer verticale, peut tourner avec facilité ; c'est le modèle de chariot le moins coûteux et le plus commode pour les transports agricoles. Il est aussi léger que le chariot flamand ou picard est lourd par rapport à la charge qu'il peut contenir. Lorsque le chariot à la Malbrouck est construit sous de petites dimensions, on peut, en y adaptant des brancards, le faire traîner par un seul animal d'attelage, ou bien en placer deux de front, en substituant aux brancards le timon simple du chariot flamand.

CHAPITRE IV.

Des plantoirs, des dibbles et des semoirs.

Plantoir commun. — Plantoir ferré à plusieurs pointes. — Ses avantages. — Manière de s'en servir. — Dibble. — Sa forme. — Son emploi. — Comment on dibble les pommes de terre. — Dibbles pour les céréales. — Dibble Newington. — Causes de son abandon. — Dibble Le Docte. — Avantages de son emploi. — Économie de sa construction. — Semoirs. — Coffre à semence. — Tubes conducteurs. — Socs. — Dépôt du grain en lignes — Coffre aux engrais pulvérulents. — Semoir-brouette. — Ses avantages dans la petite culture. — Graines qu'il peut semer. — Facilité de son emploi.

L'emploi des machines et appareils à l'usage de l'agriculture est à peu près inconnu en France, hors des cantons les mieux cultivés ; ailleurs on ne s'en sert que par exception, et, comme ceux qui les adoptent dérogent nécessairement aux usages du pays, ils rencontrent plus de gens disposés à les blâmer qu'à les imiter, jusqu'à ce que le résultat finisse par convaincre les plus obstinés opposants ; il n'en est que plus nécessaire de vulgariser la connaissance et l'emploi de ces utiles auxiliaires du sage progrès en agriculture.

Les plus nécessaires de ces appareils sont spécialement destinés à faciliter et à régulariser les semailles et les plantations : ce sont les *plantoirs*, les *dibbles* et les *semoirs*.

Plantoirs. — Plusieurs plantes industrielles, dont les

produits sont au rang des récoltes les plus importantes dans nos départements les plus fertiles et les mieux cultivés, ne peuvent pas être semées en place; on les élève en pépinière, pour les transplanter à demeure là où elles doivent achever de croître et donner leurs produits utiles; la transplantation s'opère habituellement au moyen du plantoir. Avec le plantoir commun, simple, à poignée droite ou coudée, la besogne n'avance que lentement; elle va plus vite quand on se sert du plantoir à deux ou à trois pointes garnies d'une lame de tôle roulée autour de chaque pointe. Le plantoir ferré à trois pointes permet à un seul ouvrier de faire les trous assez vite pour fournir de l'ouvrage à deux ouvrières qui le suivent en mettant un plant dans chaque trou. L'avantage principal de cet instrument sur le plantoir simple, c'est de maintenir très-également l'espacement exigé entre les trous, ce qui donne à la plantation une parfaite régularité, sans obliger l'ouvrier à donner à sa besogne un degré d'attention qui la ferait marcher trop lentement.

Pour bien employer le plantoir à trois pointes, il est nécessaire que le sol préalablement égalisé par l'action de la herse et celle du rouleau ait été sillonné de ligues parallèles également espacées entre elles, à l'aide du rayonneur. Chaque fois que l'ouvrier, en suivant les lignes toutes tracées, retire de terre son instrument, il a soin de remettre la dernière de ses pointes dans le dernier trou qu'il vient d'ouvrir; de cette manière, il ne fait, à la vérité, que deux trous au lieu de trois à la fois; mais il les fait à des distances rigoureusement égales sur toute la longueur des lignes. Lorsqu'il recommence une ligne, il n'a qu'à placer pour la première fois les pointes de son plantoir juste vis-à-vis du milieu des intervalles entre les trous de la ligne qu'il vient de finir; en continuant comme précédemment, les trous de toutes les lignes finissent par former un quinconce régulier, résultat qu'il est à peu près impossible d'obtenir quand l'ouvrier se sert du plantoir simple.

Dibbles. — Le mot *dibble* et le verbe *dibbler* qui lui correspond sont empruntés au vocabulaire agricole de la Grande-Bretagne; il n'y a pas de termes équivalents en français. Un dibble n'est pas un plantoir : dibbler n'est pas planter ; le dibble sert à régulariser les plantations de tubercules et les semailles de diverses graines ; il peut être employé dans la grande culture aussi bien que dans la petite. Si, par exemple, on veut planter régulièrement des pommes de terre dans une terre convenablement préparée, on ouvre une raie, dans laquelle un ouvrier avance latéralement, en se servant d'un dibble à pommes de terre. Cet instrument est muni d'un manche assez long pour qu'un homme puisse s'en servir sans se baisser. Sa partie inférieure a la forme d'un râteau ; au lieu de dents, il porte un certain nombre de boutons arrondis, espacés entre eux à des distances égales. En appuyant le dibble sur le fond de la raie, l'ouvrier marque les places où les pommes de terre entières ou coupées sont déposées par l'ouvrière qui le suit. Le laboureur recouvre les pommes de terre en ouvrant la raie suivante ; la plantation est par ce moyen aussi régulière qu'on peut le désirer : cela s'appelle *dibbler* les pommes de terre.

Pour la petite culture, le dibble, au lieu de boutons, porte des pointes de plantoir grosses et courtes ; l'ouvrier porte les pommes de terre dans un tablier relevé sur sa ceinture ; il en laisse tomber une dans chaque trou, et recouvre ensuite la plantation avec la bêche ou la houe à bras ; un seul ouvrier peut ainsi exécuter vite et bien toute l'opération.

Lorsqu'on veut dibbler du maïs, des fèves, ou tout autre gros grain, l'instrument est le même ; la forme et l'espacement des pointes varient à volonté. On obtient en se servant du dibble deux résultats importants ; les semences confiées à la terre sont toutes à des distances égales entre elles, et toutes à la même profondeur, résultat difficile à obtenir sans l'emploi du dibble. Cet instrument, peu connu et peu usité en France, est si facile à construire, que, sur l'indication que nous en donnons, le moindre sabotier de village est capable de fabriquer des dibbles pour toute sorte de plantations ; les femmes et les enfants peuvent, en une seule leçon, apprendre à s'en servir de la manière la plus satisfaisante.

La Société royale d'agriculture d'Angleterre, comprenant tous les avantages de l'emploi du dibble dans la petite et la moyenne culture, avait proposé, il y a quelques années, un prix de cinquante livres sterling (1,250 francs) pour un dibble pouvant servir aux semailles en lignes des céréales. Le prix fut gagné par un mécanicien nommé Newington. Mais, après avoir joui d'une vogue passagère, le dibble Newington a été peu à peu abandonné ; il avait le tort de coûter fort cher, de se détraquer aisément et d'être trop compliqué pour pouvoir être réparé par le forgeron de village, le seul ouvrier que le paysan puisse avoir à sa disposition. Tout instrument, quelque avantageux qu'il puisse être d'ailleurs, qui réunira ces trois défauts, aura le sort du dibble Newington : son emploi ne pourra se généraliser.

Néanmoins l'idée de dibbler en grand les céréales n'a pas été abandonnée. Au moyen d'un dibble d'invention anglaise, perfectionné par un agronome belge, M. Le Docte, une femme ou un enfant peut dibbler sans excès de fatigue douze à quinze ares de froment dans une journée, le sol étant d'avance hersé, puis aplani par le rouleau. Le dibble Le Docte porte vers la moitié de sa hauteur une sorte d'entonnoir à soupape, qui s'ouvre à chaque pas que fait l'ouvrier qui s'en sert en appuyant sur le sol son extrémité inférieure. Il résulte de l'emploi de ce dibble une grande économie de semence, qui compense et au delà les frais de l'opération, et une régularité d'espacement des grains confiés au sol, qui contribue efficacement à accroître le rendement en grain des céréales. Déjà dans les environs d'Amiens (Somme), et dans une grande partie de l'ancienne Picardie, l'emploi du dibble, propagé surtout par les soins de M. de Rainneville, et pratiqué avec succès par les élèves de sa colonie agricole, a pris une grande extension ; il gagne du terrain d'année en année. Le dibble Le Docte s'établit à très-bas prix ; le ferblantier le moins adroit peut le réparer au besoin ; il est d'ailleurs d'une construction si simple, qu'on peut s'en servir longtemps sans qu'il ait besoin de réparation ; il exécute vite et bien une excellente besogne.

Semoirs. — Un bon semoir est essentiellement composé d'un coffre renfermant le grain de semence, et d'une série de tubes par lesquels les grains tombent sur

Semoir.

le sol à des distances égales ; ces grains sont déposés dans le sol à une profondeur variable à volonté, mais la même pour tous, dans une raie ouverte par un soc en cuiller, dont chaque tube est accompagné. Dans la grande culture, les semailles de céréales en lignes ne sont possibles qu'au moyen du semoir. Les meilleurs semoirs ont un double réservoir renfermant du guano, de la poudrette ou du noir de raffinerie ; ils versent ces engrais dans la raie en même temps que les grains dont ils doivent favoriser la germination. Le prix des bons semoirs est assez élevé ; leur construction compliquée et les dérangements fréquents qui en sont la conséquence exigent souvent l'intervention du mécanicien. Toutes ces causes réunies font que les semoirs sont encore exclusivement à l'usage de la grande culture ; on ne les rencontre que dans les exploitations dirigées par les cultivateurs les plus éclairés. Ils fonctionnent à l'aide de deux ou trois animaux d'attelage, selon la largeur qu'ils peuvent ensemencer d'un seul trait, en raison du nombre de leurs tubes.

Semoir-brouette. — La petite et la moyenne culture peuvent tirer un excellent parti du *semoir-brouette*, ou *semoir à bras*, qu'un homme fait fonctionner en le poussant devant lui comme une brouette, dans des raies tracées d'avance. Il sert principalement à semer en lignes les pois, les fèves, les haricots et le maïs, avec autant de célérité que d'économie. L'avantage principal que présente l'emploi du semoir brouette, c'est qu'il laisse toujours tomber les grains de semence dans la raie à des distances égales, quand même celui qui s'en sert marche avec des vitesses très-inégales. Un bon semoir-brouette s'établit à un prix modéré ; il dure longtemps, se dérange rarement et n'est pas difficile à réparer ; il réunit aussi toutes les conditions qui doivent finir par en vulgariser l'usage.

CHAPITRE V.

Instruments et machines pour la fenaison et la moisson.

Instruments pour la fenaison. — Faux. — Fourches. — Faneuse
mécanique. — Ses avantages. — Râteau à cheval. — Instruments
pour la moisson. — Faucille. — Son antiquité. — Faux garnie. —
Sape. — Piquet. — Machines à moissonner. — Leur construction.
— Machine de Mac-Cormick. — Moissonneuse de Gournier. — Conditions dans lesquelles leur emploi est avantageux. — Application
de ces machines au fauchage des prairies.

Les fourrages et les céréales sont les deux principaux
produits de l'agriculture européenne; les instruments
servant à la fenaison et à la moisson ont une importance proportionnée à celle de ces produits. Presque
partout en France ces instruments sont encore très-
imparfaits; les applications de la mécanique à leur
perfectionnement ne sont encore adoptées que par
exception et dans un très-petit nombre d'exploitations
rurales.

Instruments pour la fenaison. — De tous les produits du sol cultivé, les fourrages sont celui sur lequel
le cultivateur éprouve le plus de perte, s'ils ne sont pas
récoltés dans les meilleures conditions possibles. Dans
le nord et le centre de la France, le climat est quelquefois tellement inconstant, que souvent, à l'époque
de la fenaison, les beaux jours y sont excessivement

rares. Les procédés ordinaires du fanage exigent l'emploi de beaucoup de bras, qui peuvent n'être pas toujours disponibles au moment du besoin ; ils font perdre en outre un temps considérable. Divers instruments ont été inventés pour remédier à ces inconvénients ; ils servent à hâter la dessiccation des fourrages, et font disparaître autant que possible les chances de perte sur ce précieux produit, par suite du mauvais temps.

La faux simple, instrument de la plus haute antiquité, est encore à peu près seule employée pour faucher les fourrages ; néanmoins les machines à moissonner que nous décrivons plus loin peuvent être appliquées à la fauchaison des prairies naturelles et artificielles. Les deux instruments perfectionnés les plus usités pour la fenaison sont la *faneuse mécanique* et le *râteau à cheval*.

Faneuse mécanique. — Cette machine est essentiellement composée d'un cylindre supporté par deux roues, et armé de plusieurs rangs de longs crochets de fer courbés. A mesure que ce cylindre tourne en avançant, les crochets soulèvent le fourrage récemment fauché et l'éparpillent dans toutes les directions. Le fourrage, en retombant à terre, se trouve dans les meilleures conditions pour que l'air et le soleil le pénètrent de toutes parts, et complètent rapidement sa dessiccation. Suivant ses dimensions, la faneuse mécanique fonctionne à l'aide d'un ou de deux animaux d'attelage. Le prix de cet instrument n'est pas très-élevé ; il offre de tels avantages, que, s'il n'a pas remplacé partout l'antique usage des fourches à faner les foins, on ne peut l'attribuer qu'à l'empire de la coutume.

Râteau à cheval. — La construction de cet instrument est aussi peu compliquée que celle de la faneuse mécanique ; il a la forme d'un râteau ordinaire, à dents très-longues, un peu courbes vers le bas ; il est monté sur deux roues, et fonctionne habituellement avec un seul animal d'attelage ; ses dimensions varient selon l'étendue des prairies naturelles ou artificielles sur lesquelles il doit fonctionner. Les dents du râteau à cheval ne laissent sur leur passage aucun brin de fourrage sans l'entraîner ; il n'y a pas de foin à glaner sur la prairie où cet instrument vient de fonctionner. L'emploi du râteau à cheval, de même que celui de la faneuse mécanique, est avantageux dans toutes les exploitations de quelque importance.

Instruments pour la moisson. — On moissonne encore une grande partie des céréales cultivées en France, avec des instruments dont l'usage remonte à l'origine de la civilisation elle-même, et qui n'ont reçu aucune amélioration. Telle est en particulier la faucille à poignée courte, à lame très-finement dentée en scie, tout à fait semblable à celle que la sculpture antique représente entre les mains de Cérès, la déesse des moissons.

Faux garnie. — Dans les grandes plaines à blé de la Beauce et de la Brie (Eure-et-Loir et Seine-et-Marne), les céréales sont en grande partie abattues avec la faux ordinaire à long manche, au bas duquel est adapté un treillage d'osier pour retenir les épis coupés d'un seul trait, empêcher qu'ils ne se mêlent ou ne se dispersent, faciliter par là leur mise en javelles. L'emploi de la faux pour la moisson impose au faucheur une fatigue

telle, que l'ouvrier le plus robuste ne peut soutenir longtemps ce genre de travail. Si les grains sont abattus à

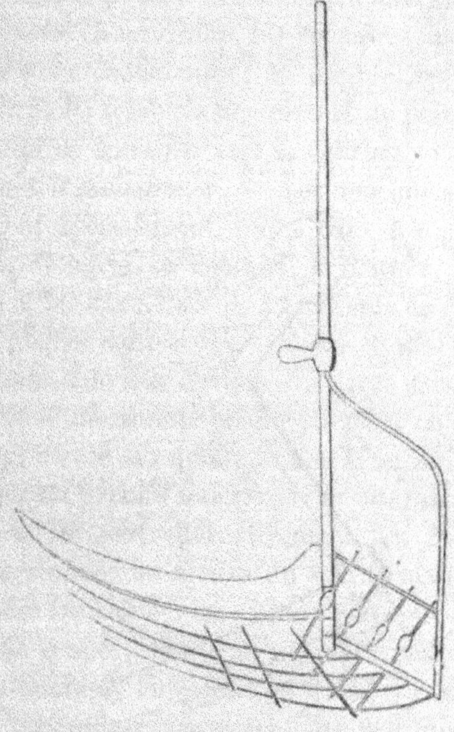

Faux garnie.

la faux à un état de maturité, seulement un peu trop
avancé, la secousse que cet instrument leur imprime
peut donner lieu à des pertes importantes par l'égrenage.

Sape. — De tous les instruments usités en Europe
pour faire la moisson, le meilleur est sans contredit la
petite faux à poignée courte usitée en Belgique sous le

nom de *sape*. Il faut, pour se servir de la sape, un crochet de fer nommé *piquet*, adapté à un long manche

plat; le moissonneur à la sape tient le piquet de la main
gauche ; il abaisse avec le crochet les chaumes des épis,
sur lesquels il frappe de la main droite avec la sape.

Les *piqueteurs* ou moissonneurs à la sape expédient rapidement, avec ces deux instruments, la moisson des céréales versées, qu'il est très-difficile d'abattre de toute autre manière. La sape offre, sur les autres instruments en usage pour moissonner, le double avantage de prendre la paille très-près de terre et de permettre au moissonneur de travailler sans se courber.

Machines à moissonner. — Les machines à moissonner sont spécialement utiles dans les pays qui, comme la Hongrie, la Pologne, la Russie, l'Afrique française et les Etats-Unis de l'Amérique du Nord, ont de vastes plaines cultivées en céréales et sont peu peuplées en raison de leur étendue. La pièce principale de la machine à moissonner est un plancher en forme de carré long, monté sur quatre roues. L'un des côtés de ce plancher est garni d'une rangée de ciseaux qui s'ouvrent et se ferment alternativement, en coupant la paille des céréales au niveau du sol : la marche de la machine fait fonctionner ces ciseaux ; les épis, à mesure qu'ils sont coupés, tombent rangés symétriquement sur la plate-forme ; l'appareil est traîné par deux chevaux qui mettent en mouvement son mécanisme, tout en le faisant avancer.

L'une des meilleures machines à moissonner est celle de Mac-Cormick, ingénieur américain ; son travail est net, très-expéditif et assez économique, bien que son prix soit élevé ; elle exige le service de deux ouvriers, dont l'un conduit l'attelage, tandis que l'autre, secondé par une ou deux ouvrières, lie les céréales en javelles, et les jette par-dessus les bords de la plate-forme pour la débarrasser. Pour bien apprécier le mérite des machines à moissonner et considérer leur utilité réelle sous son vrai point de vue, il faut se rappeler qu'elles ont été imaginées pour rendre possible la moisson là où sans elles elle serait impossible. L'adoption de ces machines, dans les pays où les bras manquent pour la moisson, doit donc avoir pour résultat immédiat de contribuer à l'abondance et au prix modéré des céréales en Europe.

En France, la moissonneuse mécanique le plus en faveur est celle de Gournier, construite sur le même principe que celle de Mac-Cormick ; elle coupe de même la paille latéralement rez terre, en lui conservant toute sa longueur ; elle imprime peu de secousse aux céréales, et n'égrène pas les épis abattus à un état trop avancé de maturité ; elle fait seulement un peu moins de besogne que la machine de Mac-Cormick dans un temps donné ; elle coûte beaucoup moins cher, et fonctionne avec un seul animal d'attelage.

La plupart des machines à moissonner, spécialement celle de Mac-Cormick et celle de Gournier, sont montées de façon qu'en un tour de main elles peuvent à volonté être appropriées au fauchage des prairies naturelles et artificielles ; il suffit pour cela de modifier très-légèrement le jeu de leur rangée de ciseaux. Le fourrage coupé tombe sur la plate-forme, deux ouvriers, armés chacun d'une fourche, le jettent pardessus le bord. Les avantage comparatifs du fauchage des prairies par la machine à moissonner et par les procédés ordinaires ont encore besoin d'être vérifiés par l'expérience.

CHAPITRE VI.

Des machines pour battre et nettoyer les grains.

Dépiquage sans instrument. — Rouleau à dépiquer. — Causes qui limitent son emploi. — Fléau. — Battage au fléau, lent et incomplet. — Machines à battre. — Principe de leur construction. — Services qu'elles peuvent rendre. — Tarare. — Sa construction. — Sa manière de fonctionner. — Trieurs mécaniques. — Ventilateurs pour la conservation des grains dans les greniers. — Divers procédés de destruction des charançons. — Construction des tuyaux du ventilateur. — Effet des courants d'air contre la multiplication des insectes.

On cultive la terre toute une année pour obtenir une récolte, on ne moissonne qu'une fois; il importe donc beaucoup au laboureur de ne rien laisser perdre des produits si péniblement conquis par ses travaux assidus. Les instruments employés pour le battage des grains par les procédés les plus usités sont fort imparfaits; les uns laissent dans l'épi une portion importante du grain qui ne profite à personne, les autres brisent une partie du grain en le séparant de l'épi, ce qui diminue sensiblement sa valeur vénale et donne lieu à un déchet considérable. On trouve encore en usage sur notre extrême frontière du Midi, spécialement dans le Var, la méthode antique de battre ou *dépiquer* les grains sans le secours d'aucun instrument, en faisant marcher en cercle sur les gerbes des bœufs ou des mulets. Ce procédé remonte à l'antiquité la plus reculée; il est décrit dans la sainte Écriture tel qu'on le pratique de nos jours; on voit qu'il n'a pas subi la plus légère modification depuis le temps de Moïse.

Les trois genres d'instruments employés en France pour le battage des céréales sont le *rouleau à dépiquer*, le *fléau* et la *machine à cylindres*, ou *batteuse mécanique;* on emploie, en outre, pour le nettoyage des grains battus, le tarare, également connu sous le nom vulgaire de *diable volant*, les *trieurs mécaniques*, et divers genres de *ventilateurs*.

Rouleau à dépiquer. — Le dépiquage au rouleau se fait sur une plate-forme circulaire nommé *aire :* on promène sur les gerbes étendues en rond un rouleau en forme de cône tronqué, plus large à l'une de ses extrémités qu'à l'autre; s'il était de forme régulièrement cylindrique, il tendrait à rouler en ligne droite et à sortir de l'aire; il ne pourrait pas fonctionner. Par le dépiquage au rouleau, il ne reste pas de grain dans l'épi; mais la paille est complétement broyée, et, de plus, la besogne marche très-lentement. Le rouleau à dépiquer, ne pouvant agir qu'à l'air libre, ne convient que dans les départements du Midi; son emploi n'est pas possible partout où le climat local ne permet pas de compter sur une assez longue période de temps à la fois beau et calme, à l'époque où les céréales doivent être battues.

Fléau. — Le fléau ordinaire pour le battage à bras et la manière de s'en servir sont des choses tellement connues, qu'il serait superflu de les décrire. Le grand inconvénient de ce mode de battage, c'est d'employer beaucoup de monde, tout en faisant perdre un temps considérable ; le battage au fléau expédie la besogne encore plus lentement que le dépiquage au rouleau ; il laisse toujours une assez grande quantité de grain dans l'épi, même quand il est fait avec le plus de soin.

Machine à battre. — Toutes les machines à battre sont construites sur le même principe. Au lieu de frapper sur l'épi comme le fléau, ou de le soumettre à une forte pression comme le rouleau à dépiquer, elles le forcent à passer entre deux cylindres cannelés. Dans ce passage, tous les grains, sans qu'il en puisse rester un seul, sont détachés et tombent sous la machine, sur une toile métallique inclinée, faisant fonction de crible, de sorte que le grain se trouve du même coup battu et nettoyé.

D'un point de vue général, à part l'intérêt particulier du producteur, il importe beaucoup au bien-être de la société que les céréales soient complétement battues le plus tôt possible après la moisson. Si elle est insuffisante, on en est prévenu à temps ; des mesures efficaces peuvent être prises pour éviter la disette et diminuer autant que possible le renchérissement. Quant au producteur, il a incontestablement le plus grand intérêt à être éclairé sur ce qu'il possède réellement en céréales ; il l'est par le dépiquage et par le battage au fléau, mais seulement dans les pays où les céréales ne sont qu'un produit secondaire de l'agriculture. Dans les pays de grande culture, dans tout ce qu'on nomme en France les pays à blé, l'emploi de la machine à battre lui donne seul les moyens de savoir à quoi s'en tenir ; elle seule peut lui épargner les déceptions fréquentes qui résultent du faible rendement des gerbes au battage, alors qu'on avait cru pouvoir compter sur un rendement beaucoup plus élevé.

Les machines à battre n'ont contre elles que leur cherté, qui les met hors de la portée du plus grand nombre des cultivateurs; elles conviennent surtout aux grandes exploitations. Dans nos pays de grande culture, il arrive assez souvent que plusieurs chefs de fermes importantes se concertent pour faire à frais communs l'acquisition d'une machine à battre, dont ils se servent à tour de rôle; on la transporte de ferme en ferme avec la machine à vapeur qui la fait fonctionner. Une bonne machine à battre peut débiter, dans une journée de dix heures de travail, quatre-vingts à cent hectolitres de froment; elle exige le service de deux ou trois ouvriers. Le prix de revient du battage à la mécanique n'est pas de beaucoup inférieur à celui du battage au fléau; mais, d'une part, il marche beaucoup plus rapidement, de l'autre, il ne laisse pas un grain dans l'épi.

Tarare. — De quelque manière que le grain ait été séparé de l'épi, même lorsqu'on s'est servi de la machine à battre garnie de son crible, il n'est jamais complétement propre et a toujours besoin d'être nettoyé après le battage. Dans les pays méridionaux, le nettoyage se fait comme le battage, par un procédé tout à fait primitif, et sans l'intervention d'aucun instrument. Les pailles battues sont d'abord enlevées de l'aire, sur laquelle il ne reste que le grain à nettoyer. Une femme, profitant d'un léger souffle de vent, prend par portions ce grain dans une corbeille qu'elle élève à la hauteur de l'épaule ; puis elle incline doucement la corbeille pour laisser le grain tomber très-lentement. Dans son trajet de la corbeille jusqu'à terre, le vent emporte les balles et les fragments de paille et opère le nettoyage. Souvent, dans nos départements du Midi, cette opération est rendue impossible, et retardée pendant un temps indéfini par des calmes très-prolongés ; une semaine entière se passe sans qu'il s'élève un souffle de vent suffisant pour entraîner les corps légers mêlés au grain. On comprend combien ce mode de nettoyage est incomplet : il ne sépare le grain ni des fragments de pierre ou de brique provenant de la dégradation de l'aire, ni des graines pesantes d'un grand nombre de mauvaises herbes, telles que celles de différentes vesces sauvages, des grémils et des agrostemmes.

Dans l'ouest, excepté dans les fermes où les céréales sont cultivées en grand et battues assez souvent à la machine, les grains battus au fléau sont *vannés*, c'est-à-dire placés par portions sur un van d'osier, et agités dans un courant d'air, ordinairement à la porte de la grange. Le vannage des grains par ce moyen opère un nettoyage aussi incomplet que par le procédé précédent.

La même besogne se fait beaucoup mieux et plus vite avec l'instrument nommé *tarare* ou *diable volant*. Il est essentiellement composé d'un coffre en bois surmonté d'une trémie, et renfermant intérieurement un axe à manivelle, auquel sont fixées quatre ou six palettes de bois. Le grain est versé dans la trémie pendant qu'un ouvrier tourne la manivelle ; les corps légers sont séparés du grain vivement agité, et entraînés au dehors par le courant que produit le mouvement des palettes ; une ouverture est ménagée à l'un des bouts du tarare pour leur expulsion. Le nettoyage opéré au moyen du tarare est plus expéditif et plus complet que celui qui résulte du vannage le plus soigné ; un ouvrier de force ordinaire fait fonctionner le tarare pendant plusieurs heures sans excès de fatigue ; le prix de cet instrument est assez modéré pour qu'il soit à la portée de tous les cultivateurs.

Trieurs mécaniques. — Il importe beaucoup de séparer des céréales nettoyées, soit par le vannage, soit par l'emploi du tarare, les grains cassés ou défectueux, et les graines de mauvaises herbes, soit que le grain doive être livré à la meunerie, soit qu'on se propose de l'utiliser pour les semailles. Dans la plupart des exploitations, on se contente de passer les grains à travers des cribles percés de trous de différentes grandeurs ; ces trous laissent passer tout ce qui est moins volumineux que le bon grain ; mais c'est toujours une opération lente et d'un résultat incomplet. Lorsqu'on veut pouvoir compter sur la pureté des grains nettoyés, il faut recourir aux instruments connus sous le nom de *trieurs mécaniques*. Le meilleur de ces appareils se nomme trieur Vachon, du nom de son inventeur, M. Vachon (de Lyon) ; il opère le triage complet des grains, et les rend aussi parfaitement purs que s'ils étaient, en effet, triés un à un à la main. Bien que le prix des trieurs mécaniques soit assez élevé, il est tellement avantageux de semer des céréales parfaitement nettoyées, surtout quand on se sert des semoirs, qu'il devrait y avoir un trieur mécanique dans toutes les fermes, ne fût-ce que pour les grains destinés aux semailles.

Ventilateurs pour la conservation des grains nettoyés. — Les grains battus, nettoyés et déposés dans les greniers, y sont exposés aux attaques de plusieurs ennemis, dont les plus redoutables sont, parmi les insectes, l'alucite, la teigne et le charançon ; ils ne peuvent en être préservés que par des soins continuels. On se borne le plus souvent à remuer fréquemment les tas de grain à la pelle, procédé très-coûteux à cause de la main-d'œuvre qu'il exige, et qui néanmoins n'atteint son but qu'en partie.

On emploie pour la destruction du charançon plusieurs procédés, dont le plus efficace consiste à étendre sur des tas de blé de peu d'épaisseur des peaux de mouton récemment abattus, la laine en dessous ; tous les charançons, attirés par l'odeur de la laine, s'y donnent rendez-vous ; ils sont ainsi facilement enlevés et détruits. Mais on ne peut atteindre de cette manière que les charançons parvenus à l'état d'insectes parfaits ; les larves à divers degrés de développement qui rongent l'intérieur des grains n'en continuent pas moins à croître ; elles deviennent des charançons à leur tour, de sorte qu'au bout d'un certain temps c'est à recommencer.

Dans les greniers exempts de charançons, mais en proie aux ravages des teignes, on se sert avec avantage de divers appareils désignés sous le nom de *tue-teignes*. Malheureusement les tue-teignes coûtent fort cher, et laissent encore subsister une partie des insectes ennemis des céréales. L'un des meilleurs moyens de préserver les grains conservés dans les greniers des ravages des insectes, c'est l'emploi des ventilateurs établis de manière à faire circuler fréquemment, avec très-peu de peine et de dépense, des courants d'air froid à travers les tas de blé. Le ventilateur le plus efficace consiste dans un assemblage de tuyaux coudés, en tôle, assez semblables extérieurement à des tuyaux de poêle. Ces tuyaux sont percés de trous assez fins pour que les grains de froment n'y puissent passer. Ils sont en communication avec un corps de pompe foulante ; lorsqu'on fait agir le piston de cette pompe, l'air fortement refoulé s'échappe par les trous des tuyaux ; ceux-ci, étant étendus à plat sur le plancher du grenier, sont cachés sous une couche de grain assez épaisse pour les couvrir complétement. Chacun des trous des tuyaux envoie à l'intérieur de la couche de grains un courant d'air qu'on entretient aussi longtemps qu'on le juge nécessaire ; cette ventilation est renouvelée à volonté.

L'expérience démontre que l'agitation résultant de ce système de ventilation déplaît singulièrement aux insectes qui attaquent les grains ; elle s'oppose efficacement à la multiplication de ces insectes, et préserve de leurs ravages le produit le plus précieux de notre agriculture.

L'emploi des ventilateurs pour la conservation des grains dans les greniers n'exige que peu de main-d'œuvre ; l'appareil en lui-même n'est pas très-cher ; son installation est facile, et il n'est pas sujet à se dégrader facilement, de sorte qu'il a rarement besoin de réparation. Tant d'avantages réunis recommandent fortement l'application de la ventilation à la conservation des céréales.

CHAPITRE VII.

De diverses machines agricoles.

Hache-paille. — Manière dont il fonctionne. — Ses avantages. — Nécessité de donner du fourrage haché aux bestiaux. — Grands hache-
pailles mus par la vapeur. — Coupe-racines. — Cylindre à lames. —
Volant à manivelle. — Avantages du mélange de foin haché et de
racines coupées. — Dépense de force qu'exige la manœuvre du
coupe-racine. — Concasseur. — Principe d'après lequel il est construit. — Économies résultant de la consommation de grains concassés pour le bétail à l'engrais.

Il ne suffit pas au cultivateur, pour voir prospérer
son industrie, de donner tous ses soins aux travaux qui
ont pour objet la production des denrées agricoles ; il
faut encore qu'il veille au meilleur emploi de ceux
d'entre les produits du sol qui ne sont pas destinés à
être vendus en nature, et qui doivent être consommés
dans l'exploitation elle-même, pour l'entretien des
animaux de service ou de rente ; car c'est de cet emploi judicieux que dépendent l'abondance et la bonne
qualité des engrais, sans lesquels il ne faut rien espérer
de la terre la plus fertile.

Plusieurs machines, peu dispendieuses et d'un usage
facile, peuvent aider puissamment le cultivateur à tirer
tout le parti possible de ses ressources en fourrages et

en racines fourragères, pour la nourriture et l'engraissement de son bétail; les plus utiles sont le *hache-paille*, le *coupe-racines* et le *concasseur*.

Hache-paille. — De toutes les difficultés qui entravent la marche régulière d'une exploitation, et qui s'opposent à sa prospérité, il n'en est pas de plus pénible à surmonter pour le cultivateur que celles qui peuvent résulter de l'insuffisance de ses ressouces fourragères. Personne ne le conteste, et presque tout le monde agit comme si cette difficulté n'existait pas. Bien peu de cultivateurs, lorsqu'ils rentrent leur provision annuelle de fourrage sec, se mettent en peine de calculer combien de rations elle pourra fournir pour l'hivernage du bétail; ils commettent à peu près tous la même faute à l'égard de leurs racines fourragères; on en donne aux animaux tant qu'il y en a; quand il n'y en a plus, le bétail souffre de la faim, les travaux languissent, le fumier manque, et tout va de travers.

Il est donc de l'intérêt le plus évident du cultivateur de ne rien négliger, selon ses moyens et les conditions économiques sous l'empire desquelles il travaille, pour proportionner la production des fourrages et des racines aux besoins du bétail de son exploitation. Mais tous ses efforts dans ce sens peuvent être paralysés par le gaspillage, et l'on peut affirmer qu'il y a gaspillage toutes les fois que les aliments donnés au bétail ne lui sont pas distribués sous la forme qui peut les lui rendre le plus complétement profitables. Il est toujours possible d'utiliser ces aliments mieux qu'on ne le fait dans la pratique habituelle, en adoptant l'usage du hache-paille. La mécanique moderne met à la disposition de l'agriculture des hache-pailles de toutes les dimensions, accessibles, par la modicité de leurs prix, à toutes les classes de cultivateurs. Le principe de toutes ces machines est le même. Au moyen d'un mécanisme très-peu compliqué que met en mouvement un volant à manivelle, une lame bien affilée se lève et s'abaisse alternativement à l'entrée d'une sorte de caisse en bois, posée sur un support à hauteur d'appui. Le fourrage, quel qu'il soit, posé en long dans cette caisse, est poussé par l'ouvrier de façon qu'il en dépasse l'ouverture d'une longueur de quelques centimètres; la lame, en s'abaissant, retranche tout ce qui se rencontre sur son passage. La manœuvre de cet instrument est des plus simples; un ouvrier de force ordinaire peut le faire fonctionner sans excès de fatigue, pendant une journée de dix heures de travail.

On fabrique à l'usage des grandes exploitations des hache-pailles d'une construction plus compliquée, qui coupent rapidement de grandes quantités de fourrage; ils ne peuvent être mis en mouvement à bras d'homme; on utilise, pour les faire agir, au moyen d'une courroie de renvoi, la force surabondante de la machine à vapeur qui fait fonctionner la machine à battre les grains. En appliquant ainsi cette force perdue, on prépare d'avance en automne avec les grands hache-pailles la provision de fourrage haché pour la nourriture du bétail pendant tout l'hivernage; cette provision occupe peu d'espace, sa conservation ne cause aucun embarras. L'emploi des grands hache-pailles dans les exploitations importantes rend facile la régularité des rations et des distributions ; il est un des moyens les plus efficaces qu'on puisse mettre en œuvre pour écarter le fléau du gaspillage.

En se faisant une loi de ne donner au bétail que du fourrage haché, ce qui n'est en réalité pas plus difficile dans les petites exploitations que dans les grandes, on peut mêler en toute proportion la paille avec toute espèce de fourrage, ce qui permet de réaliser sur leur alimentation en hiver une notable économie, sans nuire à leur bien-être et sans diminuer en aucune façon la somme de leurs produits utiles. Cette économie provient surtout de ce que les animaux qui mangent du fourrage sec coupé au hache-paille ne peuvent, comme lorsqu'ils le reçoivent entier, trier et fouler aux pieds les parties de leur ration qui leur plaisent le moins. Le fourrage haché est placé devant eux dans une mangeoire ; rien n'est plus facile que de les empêcher de le gaspiller.

Ainsi, dans les exploitations où l'usage du hache-paille est adopté, d'une part, le bétail, rationné conformément à ses besoins, profite complétement des fourrages qu'il reçoit hachés, et qui par cela seul lui sont rendus plus faciles à bien digérer ; de l'autre, il ne peut pas s'en perdre la moindre parcelle.

Coupe-racines. — Lorsqu'on distribue aux bestiaux les racines entières, il arrive assez souvent que, par avidité, ils ne les mâchent pas suffisamment, ce qui peut leur causer de dangereuses indigestions ; ou bien de gros morceaux de racines leur restent dans le gosier, et peuvent les étouffer s'ils ne sont secourus à temps par un habile vétérinaire. Les accidents de cette nature ne sont pas possibles lorsqu'on distribue les racines hachées ; le *coupe-racines* rend sous ce rapport, dans une exploitation rurale, le même genre de service que le

Coupe-racines.

hache-paille. Cette machine est essentiellement composée d'un court cylindre armé de plusieurs lames fortes et bien tranchantes, et surmonté d'une trémie dans laquelle on place les racines qui doivent être coupées : le tout est supporté par un bâti en bois, à hauteur d'appui. Lorsqu'on fait tourner le cylindre au moyen d'un volant à manivelle, les racines viennent, en tombant au fond de la trémie, se présenter sous les lames qui les divisent en lanières minces semblables à des copeaux de menuisier. En cet état, il est facile de les mélanger en diverses proportions avec la ration de fourrage haché que reçoivent les bestiaux ; ce mélange leur est très-salutaire ; il prévient l'échauffement résultant de l'usage exclusif et trop prolongé du fourrage sec pendant l'hiver.

La dépense de force pour faire agir le coupe-racines ordinaire est la même que pour le hache-paille ; les grands coupe-racines peuvent également être mis en mouvement avec la force superflue de la machine à vapeur servant principalement à d'autres usages.

Concasseur. — De même que les fourrages de toute sorte profitent mieux aux bestiaux lorsqu'ils les reçoivent hachés, les grains à leur usage, pois, féverolles, orge, avoine, sont plus complétement digérés quand on les distribue grossièrement broyés, ainsi que cela se pratique dans tous les pays où l'on est dans l'usage d'élever ou d'engraisser un grand nombre de bestiaux. On se sert à cet effet du *concasseur*, construit en grand sur le même modèle que les petits moulins connus de tout le monde, et qui servent à moudre le café et le poivre. Le concasseur ne réduit pas les grains en farine, il les divise seulement assez pour que les animaux à l'engrais puissent en digérer de grandes quantités sans se fatiguer l'estomac. On fait fonctionner le concasseur à bras au moyen d'une manivelle à volant, de la même manière et à peu près avec la même dépense de forces que pour mettre en action le hache-paille et le coupe-racines. Les concasseurs de dimensions moyennes, à l'usage des exploitations d'une importance secondaire, s'établissent à très-bon marché. Le prix des concasseurs de grandes dimensions, pour les exploitations plus considérables, est proportionné à la quantité de grains qu'ils peuvent concasser dans un temps donné ; ils durent longtemps et peuvent servir pendant des années sans avoir besoin de réparations.

DEUXIÈME PARTIE

LES TRAVAUX DES CHAMPS

CHAPITRE VIII.

Des labours à la bêche et à la charrue.

Travaux des champs. — Labours. — Époque des labours. — Terre fraîche. — Vérification de son humidité. — Temps disponible pour le labourage. — En France. — En Suède. — Labours à la bêche. — Jauge. — Temps nécessaire pour bêcher un hectare. — A la journée. — A la tâche. — Labours à la charrue d'aération. — Rapport de l'épaisseur de la bande à la profondeur de la raie. — Labours de nettoyage. — Formes diverses des labours. — A plat. — En planches. — En billons. — Mode d'exécution.

Les travaux des champs comprennent, pour ainsi dire, l'existence entière du cultivateur ; le grand avantage de sa profession, c'est qu'il n'est pas exposé, comme le travailleur industriel, aux causes nombreuses d'insalubrité réunies dans l'atelier ; son atelier à lui, c'est la pleine campagne; c'est dans les champs qu'il laboure, qu'il sème, qu'il moissonne, qu'il passe la plus grande partie de son temps : de là, cette santé robuste qui lui permet de supporter sans en souffrir les plus rudes fatigues.

Les trois grandes opérations de la culture, labourer, semer, récolter, sont les principaux d'entre les travaux des champs ; on peut dire que les autres opérations du ressort de la profession de cultivateur ne sont que secondaires lorsqu'on les compare à ces trois grandes divisions de son travail.

Labours. — Les labours, qui donnent leur nom au métier de laboureur, sont les plus importants d'entre les travaux champêtres ; on a dit longtemps le *labourage* pour l'agriculture comme on disait la *marchandise*, pour le commerce. Tout le monde connaît la parole du grand Sully : « Labourage et marchandise sont les deux mamelles de l'État. »

Il y a en France bien des millions de laboureurs ; il y en a bien peu de bons, bien peu qui connaissent et appliquent avec discernement les principes en dehors desquels il n'est pas possible de bien labourer. C'est que, pour exécuter un labour réellement bon, qui donne à la terre la meilleure préparation possible et la dispose à recevoir toute espèce de culture, il faut prendre en sérieuse considération plusieurs points qui méritent d'être examinés séparément.

Époque des labours. — La durée du temps pendant lequel il est possible et profitable de mettre la charrue dans le sol varie d'un canton à l'autre, selon le climat local ; on ne peut pas la préciser d'une manière générale, elle dépend entièrement du degré d'humidité dont la terre labourable se trouve pénétrée. Cette vérité a été connue de tout temps ; les auteurs grecs et romains qui ont écrit sur l'agriculture disent expressément qu'une terre labourée, alors qu'elle se trouve trop humide ou trop sèche, est *gâtée pour trois ans*, c'est-à-dire que pendant trois ans il ne sera pas possible de l'amener au point d'ameublissement désirable. Cette assertion ne doit pas être prise tout à fait au pied de la lettre; elle n'est exacte que pour les terres fortes des pays du Midi. Mais, même dans les contrées favorisées d'un climat tempéré, où les longues sécheresses des pays méridionaux sont inconnues, il faut, comme dit le bon laboureur, prendre la terre à son point. C'est ce que l'habitude permet au cultivateur de reconnaître aisément. On désigne sous le nom de terre fraîche celle qui, soit après une sécheresse prolongée, soit quelques jours après des pluies abondantes, ne contient pas moins de 16 pour 100 de son poids d'eau et n'en contient pas plus de 23 pour 100. Pour vérifier ce qu'une terre à labourer peut contenir d'eau pour un poids donné, il faut en peser exactement un kilogramme, la faire sécher complétement au four, et voir de combien son poids se trouve diminué par la dessiccation, opération des plus faciles, qu'il ne faut pas hésiter à faire lorsqu'on doute si une terre est ou n'est pas en état d'être labourée.

Les terres assez perméables naturellement pour se maintenir d'elles-mêmes à l'état de terres fraîches peuvent être labourées en tout temps, excepté immédiatement après une pluie violente; elles n'opposent pas une trop forte résistance à l'action de la charrue; elles ne se prennent point en pâte; elles ne s'attachent pas au soc ou au coutre, et le champ labouré n'est pas hérissé de grosses mottes dont la herse ne puisse avoir raison.

Sous le climat moyen de la France centrale, les terres fortes ne peuvent être labourées, par excès d'humidité, pendant la plus grande partie des mois de décembre, janvier et février, et, par excès de sécheresse, pendant les mois de juillet et d'août. Les autres terres donnent au laboureur plus ou moins de latitude, selon que l'argile y domine sur le sable et la chaux, ou réciproquement. Plus on avance vers le nord, moins il y a de temps disponible pour le labourage; en Suède, sous la latitude de Stokholm, les terres ne peuvent être labourées que pendant six semaines, du 15 mai au 1er juillet, pas davantage.

On croit devoir insister auprès du cultivateur sur cette nécessité de labourer précisément au moment le plus favorable, moment qu'il doit guetter avec attention pour ne pas le laisser échapper. En général, il importe beaucoup plus au travailleur agricole qu'au travailleur industriel de faire chaque chose en son temps; qu'un habile serrurier se repose un ou deux jours par semaine, il n'en fera pas moins de très-bonnes serrures; qu'un laboureur prenne du repos alors que sa terre est à son point, qu'il la laisse redevenir ou trop sèche ou trop humide, et, quelle que soit son habileté, il ne pourra faire qu'un mauvais labour.

Les labours se donnent dans la petite culture à la bêche, et dans la grande culture à la charrue.

Labours à la bêche. — Quand la terre est labourée sans le secours des instruments qui fonctionnent à l'aide des animaux d'attelage, elle l'est le plus souvent à la bêche; on se sert plus rarement de la pioche, usitée surtout pour les labours de défrichement ; les houes et les fourches à dents de fer sont en outre employées dans la culture à bras pour donner à la terre des façons superficielles, qui ne sont pas des labours, à proprement parler. L'un des inconvénients des labours à la bêche, c'est que l'ouvrier qui les exécute doit travailler à reculons, en rejetant devant lui la terre qu'il déplace. Il en résulte qu'au début de son travail il doit ouvrir une fosse ou *jauge*, dont la terre doit être transportée à l'extrémité de la pièce à labourer ; sans quoi, parvenu au bout de cette pièce, il n'aurait pas de quoi combler sa jauge. Malgré cette difficulté, qui nécessite un surcroît de dépense en main-d'œuvre, le labour à la bêche divise si bien la couche arable, il est sous ce rapport tellement supérieur au labour à la charrue, que dans beaucoup de pays où l'agriculture est très-perfectionnée, spécialement en Écosse et dans la Flandre orientale (Belgique), les terres des fermes d'une étendue considérable sont divisées en quatre parts égales, dont une est bêchée chaque année, de sorte que la totalité a reçu, outre les façons ordinaires à la charrue, un labour soigné à la bêche tous les quatre ans.

Dans un sol de consistance moyenne, un ouvrier de force ordinaire peut bêcher convenablement, en une journée de travail, une surface de deux ares ; c'est sur le pied de cinquante journées pour un hectare. Lorsqu'on fait travailler à la journée, un hectare est rarement bien bêché en moins de cinquante-cinq à soixante journées, selon le plus ou moins de ténacité de la terre. Si les ouvriers travaillent à la tâche, le même travail également bien exécuté se fait en quarante-quatre à quarante-huit jours. Il est à propos de rappeler à ce sujet les observations de M. de Gasparin, qui résument parfaitement la question du travail agricole à la tâche ou à la journée.

« Le travail à la tâche, où l'ouvrier vend une quantité déterminée d'ouvrage, est celui où il déploie la plus grande force et où il met le plus de diligence. Aussi l'ouvrage promptement expédié est-il souvent imparfait, s'il n'est surveillé par un maître qui s'y connaisse bien. Ce mode d'acquisition du travail est sans contredit le plus avantageux pour le maître et pour l'ouvrier robuste et intelligent : pour le maître, qui obtient, par une simple inspection faite à la fin de l'ouvrage et sans surveillance continue, l'accomplissement du travail convenu ; pour l'ouvrier, qui conserve ses habitudes d'activité et qui met à profit toutes ses forces, tandis qu'en travaillant à la journée il doit les ménager et se régler sur le travail paresseux des ouvriers de qualité inférieure, et par conséquent il ne reçoit que le salaire de ces derniers. »

L'ouvrier qui laboure à la bêche, soit à la tâche, soit à la journée, doit apporter le plus grand soin dans le choix de son instrument, en ayant égard à la nature du terrain dans lequel il doit opérer. (Voyez instruments, chap. I, p. 11.)

Labours à la charrue. — Ces labours, les seuls possibles dans la grande culture, ont pour but deux objets principaux : 1° ameublir le sol en l'ouvrant aux influences fertilisantes des agents atmosphériques ; 2° nettoyer le sol des mauvaises herbes annuelles ou vivaces ;

de là, deux genres de labours, les *labours d'ouverture ou d'aération*, et les *labours de nettoyage*.

Labours d'aération. — On les donne au printemps ou en automne, en prenant la terre au degré d'humidité précédemment indiqué. Au moment où la charrue entame le sol, sa surface est unie ; une croûte plus ou moins dure s'y est formée, soit par l'effet des pluies battantes, soit par celui des longues sécheresses ; on dit dans ce cas que la terre est *fermée* ; elle l'est en effet, sous ce point de vue que l'air, la rosée et les vicissitudes de l'atmosphère ont sur elle très-peu d'action. Le labour d'ouverture ou d'aération donne plus d'étendue à la surface, qui, d'unie qu'elle était, devient inégale et régulièrement traversée par les arêtes des sillons ; on multiplie ainsi les points de contact de l'air avec tous les points de la couche arable. Cet effet, dont on comprend l'utilité, ne peut être obtenu qu'autant que la bande de terre déplacée est déposée sous un angle plus ou moins ouvert, sans être comprimée ni pétrie, comme elle le serait inévitablement, si elle était trop humide au moment où elle est entamée par la charrue.

Il doit toujours exister un rapport déterminé entre l'épaisseur de la bande et la profondeur du labour ; on indique ici ceux de ces rapports considérés comme les meilleurs par les agronomes, bien que, dans la pratique, il ne soit pas possible de prendre des mesures exactes. En France, on regarde le rapport de deux à trois comme le meilleur ; si l'on ouvre la terre à la profondeur d'un décimètre et demi, soit $0^m 15$, la raie devra avoir une largeur d'un décimètre ; cette largeur sera de deux décimètres si la terre est labourée à $0^m 30$

de profondeur, et ainsi de suite. En Allemagne et en Angleterre, on préfère en général le rapport de 5 à 7; on donne par conséquent un décimètre de largeur à la raie pour un labour profond de $0^m 14$. Dans le nord de la France, excepté chez les cultivateurs les plus éclairés, on donne trop de largeur à la bande en proportion de la profondeur du labour. La besogne, de cette façon, est plus rapidement expédiée; s'il n'y a pas du reste grand inconvénient pour les terres légères, il y en a beaucoup pour les terres fortes argileuses; en labourant les terres de cette nature, qui ont plus besoin que d'autres d'être parfaitement ameublies, on doit toujours donner à la raie plus de profondeur que de largeur; ce soin est surtout recommandé pour les labours d'aération.

Labours de nettoyage. — Ils ont pour but de purger la couche arable des mauvaises herbes qui peuvent la salir. Si ces herbes sont annuelles plutôt que vivaces, le labour de nettoyage se donne, soit au printemps, dès que les premiers beaux jours ont fait lever les graines enfermées dans le sol, soit en automne, quand les pluies de l'arrière-saison ont favorisé la croissance des plantes sauvages annuelles dont les graines mûres se sont ressemées d'elles-mêmes en tombant sur le sol. Si la mauvaise herbe consiste principalement en plantes à racines vivaces, telles que le chiendent et les chardons, on donne en automne des labours aussi profonds que le comporte l'épaisseur de la couche arable; ces labours sont suivis de hersages énergiques qui ramènent les racines à la surface, où elles sont réunies en tas et brûlées.

Formes diverses des labours. — On ne peut pas labourer de la même manière toutes les terres cultivables, quelle que soit leur nature ; la même terre préparée pour diverses cultures doit recevoir des labours différents. Les trois formes principales des labours à la charrue sont les labours à *plat*, en *planches* et en *billons*.

Labour à plat. — Ce genre de labour, qui n'établit dans la surface d'un champ labourée, même d'une grande étendue, aucune division régulière, convient aux terres parfaitement unies, en pente uniforme peu prononcée, exemptes d'humidité dans le sous-sol, soit parce qu'elles sont naturellement perméables, soit parce qu'elles ont été assainies par un bon système de drainage. On laboure surtout à plat dans les pays où le climat local donne lieu de craindre plutôt la sécheresse que l'excès de l'humidité. En exécutant un labour à plat, il faut éviter de prendre à la fois une trop grande largeur ; chaque raie devant être ouverte alternativement à droite et à gauche de la portion attaquée, le laboureur, arrivé au bout d'une raie, perd plus de temps qu'il ne le doit pour aller placer le soc de la charrue dans la raie qu'il doit ouvrir en revenant, lorsque la place de cette raie est trop loin de la première. Quand un labour à plat est terminé sur une grande surface, il est indispensable de le sillonner irrégulièrement, dans le sens de la pente, par plusieurs rigoles d'égouttement commencées à la charrue et terminées à la bêche.

Labour en planches. — On divise le plus souvent en planches un champ qu'on a commencé par labourer à plat, d'un seul morceau. Cette division est surtout indis-

pensable sous un climat très-pluvieux, quand le sous-
sol n'est pas perméable, ou qu'il n'a pas été assaini par
le drainage. Après avoir déterminé la largeur des planches selon la configuration du sol et les cultures qu'il
doit recevoir, deux piquets sont plantés pour indiquer
le bord de l'espace que doit occuper la première planche.

On ouvre alors une première raie dans la direction
voulue; puis, au bout de cette raie, on pose en travers, à angle droit avec la raie ouverte, une perche
aussi longue que la planche doit être large. La seconde
raie est ouverte dans la direction de l'extrémité de la
perche; elle forme le second bord de la planche qu'on
termine en rapprochant les raies successivement, jusqu'à ce que les deux dernières se confondent; les autres
planches sont formées de la même manière, en dépla-
çant les piquets et la perche. Les planches, pour bien
assurer l'égouttement, doivent être légèrement bombées au milieu; il est rarement utile de leur donner une
largeur de plus de 6 à 8 mètres; elles n'en ont souvent
pas plus de 4. Les rigoles qui séparent les planches
doivent être ouvertes à la charrue, approfondies à la
bêche, et fréquemment réparées pour empêcher qu'elles
ne s'encombrent par l'éboulement de leurs bords, principalement après les dégels.

Labour en billons. — Dans tout l'ouest de la France,
où des terres très-légères reposent sur un sous-sol souvent
imperméable, l'usage est en vigueur, de temps immémorial, de façonner le sol, non pas en planches, mais
en *billons*. On désigne sous ce nom des planches très-
bombées, qui n'ont pas plus de 0^m 80 à 1 mètre de large,
et dont les intervalles forment autant de raies d'égout-

tement. A mesure que le drainage, cette grande amélioration agricole des temps modernes , gagne du
terrain dans cette partie de la France, elle en fait
disparaître les billons remplacés par les labours, soit à
plat, soit en planches larges. Partout ailleurs on fa-
çonne assez souvent la terre en billons, non pas pour
l'ensemencer et la cultiver sous cette forme, mais uni-
quement pour qu'elle présente plus de surface à l'action
des agents atmosphériques. Dans ce cas, ces labours se
donnent en automne ; les billons peu élevés sont formés
de deux raies versées l'une contre l'autre, en allant et
en revenant.

CHAPITRE IX.

Conditions d'un bon labour. — Défoncements.— Façons superficielles.

Conditions d'un bon labour. — Promptitude d'exécution. — Ses limites. — Égalité de profondeur. — Ce que c'est que le plancher. — Approfondissement progressif des labours. — Inclinaison de la bande. — Ameublissement du sol, but principal des labours. — Rectitude des raies. — Ses avantages. — Netteté des raies. — Défoncements. — A la houe à bras. — A la charrue. — Façons superficielles. — Buttages. — Emploi du buttoir. — De l'extirpateur. — Du scarificateur. — De la houe à cheval.

La perfection des labours importe tellement au succès de toute espèce de culture, que, sans craindre de trop insister sur une question d'un si grand intérêt, on doit exposer l'une après l'autre toutes les conditions dont l'ensemble constitue ce qu'il est permis de nommer un bon labour.

Quelque parfaite que soit une charrue, il est toujours possible à un maladroit de s'en servir pour mal labourer. Les laboureurs de grande taille, comme le sont en général ceux du nord de la France, doivent se tenir en garde contre leur tendance naturelle à trop appuyer sur les mancherons, ce qui peut leur faire, comme on dit vulgairement, *prendre trop peu de terre*, c'est-à-dire, donner au labour moins de profondeur qu'il ne doit en avoir. Les laboureurs de taille moyenne ou au-dessous de la moyenne, comme le sont la plupart de ceux du centre et du midi de la France, doivent se méfier de la tendance contraire ; s'il leur arrive de soulever involontairement les mancherons, ils dérangent l'équilibre de la charrue, prennent trop de terre, et donnent de place en place à la raie plus de profondeur qu'elle ne doit en avoir.

Conditions d'un bon labour. — Un bon labour doit satisfaire à cinq conditions principales, savoir : *égalité de profondeur ; inclinaison de la bande sous un angle déterminé ; ameublissement du sol ; rectitude uniforme des raies ; netteté parfaite des raies.* Pour que ce programme soit rempli, le fermier ne doit pas exiger du laboureur qu'il laboure dans un temps donné une surface d'une étendue déterminée ; il doit seulement désirer qu'il ne perde pas de temps, et que, sans excéder de fatigue son attelage, il aille aussi vite qu'il le peut sans nuire à la perfection d'exécution du labour.

Égalité de profondeur. — Il y a des terres, excellentes sous tous les autres rapports, qui manquent d'épaisseur et qui reposent sur un sous-sol d'une mauvaise nature. Dans ce cas, le labour le plus profond qu'on puisse donner ne doit jamais dépasser l'épaisseur de la couche arable, sans quoi celle-ci se trouverait gâtée par son mélange avec le sous-sol. Mais le plus souvent la profondeur des raies est déterminée bien plus d'après les usages du pays, la forme des charrues employées et la force relative des attelages, que d'après la composition du sol ou du sous-sol. Le labour n'entame habituellement qu'une portion de la couche arable et ne dépasse jamais une profondeur donnée. Le passage fréquemment répété du sep ou talon de la charrue dans le fond de la raie finit par y former ce que les cultivateurs nomment le *plancher*, c'est-à-dire une surface souterraine invisible, unie et dure comme le plancher d'un appartement.

Partout où le cultivateur, par un meilleur système d'exploitation, dispose d'une quantité suffisante d'engrais, il est de son intérêt d'augmenter autant que possible l'épaisseur de la couche arable, par conséquent la profondeur des labours; les plantes cultivées, vivant aux dépens d'une couche de terre plus épaisse, végéteront plus vigoureusement, et la somme de leurs produits utiles en sera sensiblement augmentée. Dans ce but, le laboureur se gardera de mêler tout d'un coup à la portion du sol remuée habituellement par la charrue une trop grande quantité de sa partie inférieure restée depuis longtemps intacte, quand même elle serait exactement semblable à celle de la surface. Le sous-sol, qui n'a jamais pris l'air, qui n'a jamais été ni ameubli ni mis en contact avec les engrais, ne doit être entamé que peu à peu, en approfondissant à chaque fois la raie de quelques centimètres seulement, jusqu'à ce qu'au bout de deux ou même de trois ans on arrive à donner aux labours toute la profondeur désirée. On voit par ce qui précède que le meilleur labour n'est pas le plus profond d'une manière absolue, mais le plus profond possible, d'après les conditions locales.

Quelle que soit la profondeur de la raie, il faut que cette profondeur soit la même sur toute sa longueur.

S'il en est autrement , il y aura çà et là des places où le sous-sol aura été à peine entamé ; si l'on cultive à la suite d'un labour semblable des racines fourragères, par exemple, bien que la terre puisse paraître extérieurement très-bien labourée, partout où la raie manquera de profondeur, il ne viendra rien du tout ; l'égalité de profondeur de la raie est donc, pour un bon labour, une condition de première nécessité.

Inclinaison de la bande. — L'angle sous lequel la bande de terre déplacée par la charrue est déposée à mesure que le travail du labour avance constitue ce qu'on nomme son inclinaison. Lorsqu'on prend une raie très-large par rapport à sa profondeur, la bande de terre se trouve renversée sens dessus dessous ; les labours de ce genre sont essentiellement défectueux, bien qu'ils aient moins d'inconvénients dans les terres très-légères que dans les terres fortes. Quand la raie est très-étroite, la bande retombe presque debout sur le côté de la raie ; entre ces deux extrêmes, l'inclinaison peut varier à l'infini. Les circonstances qui la déterminent sont le plus ou moins de ténacité du sol, sa disposition à retenir l'humidité ou à la laisser écouler, et l'état plus ou moins parfait de propreté dans lequel il se trouve au moment du labour. L'angle de 45 degrés est l'inclinaison le plus généralement adoptée pour les terres en bon état de consistance moyenne.

Ameublissement du sol. — L'ameublissement du sol est le but principal du labour ; c'est pour que ce but puisse être atteint qu'il importe, ainsi qu'on l'a exposé précédemment, de prendre la terre juste à son point de fraîcheur, et de ne l'entamer qu'avec une charrue appropriée à sa nature, de telle sorte que le versoir déplace et retourne la bande de terre sans la comprimer. Dans une terre en apparence très-bien labourée, il peut y avoir des blocs durs, compactes, pétris par un versoir mal ajusté, que les hersages suivants ne pourront pas diviser ; quand même la profondeur du labour serait partout égale, quand même les bandes seraient déposées sous l'angle voulu avec une irréprochable régularité, le labour peut encore être très-mauvais, si la bande n'est pas divisée, émiettée, comme elle le serait par une façon à la bêche, si le hersage qui suit le labour y rencontre des mottes que les dents de la herse ne puissent rompre. C'est au laboureur, avant de commencer son travail, à bien se rendre compte des propriétés de sa terre et de son état présent, et à régler en conséquence l'épaisseur de la bande et son inclinaison, pour obtenir l'ameublissement le plus parfait possible.

Rectitude des raies. — Tout laboureur qui a tant soit peu d'amour-propre déploie tout son savoir-faire pour que son champ labouré, quelle que soit son étendue, n'offre à la vue qu'une suite de raies aussi droites sur toute leur longueur que si elles avaient été tirées au cordeau. Cette rectitude parfaite et uniforme des raies n'est pas seulement agréable pour le coup d'œil ; sans elle, il existe inévitablement, le long de la raie, des renflements et des rétrécissements ; la bande est d'une largeur inégale, et l'ameublissement du sol est très-imparfait. Quand les racines des plantes cultivées rencontrent sous terre des portions de la couche arable qui n'ont été qu'imparfaitement divisées, elles ne peuvent y pénétrer, la végétation en souffre, et c'est autant de diminué sur les produits de chaque culture.

Netteté des raies. — Dans une terre bien labourée, le fond de chaque raie, à chaque trait de charrue, doit être net et vide comme celui d'une rigole récemment creusée avec soin ; le soc et le versoir doivent enlever complétement la bande coupée verticalement par le coutre ; c'est ce qui n'arrive pas toujours. Si le versoir n'a pas assez de largeur ou que sa spirale ne soit pas assez ouverte par rapport à la profondeur du labour, une partie de la terre de la bande déplacée passe par-dessus le bord supérieur du versoir et retombe dans la raie, de sorte que celle-ci, au lieu d'être nette et libre, est en partie encombrée. On comprend que, lorsque la charrue, au tour suivant, rejette une autre bande par dessus celle qui est ainsi partiellement retombée dans la raie, il en résulte, sur sa longueur, des creux et des élévations qui rendent le labour très-défectueux, et que le hersage subséquent le plus soigné ne peut faire disparaître qu'en partie. L'habileté pratique du laboureur consiste à éviter tous ces inconvénients ; lorsqu'il dispose d'une bonne charrue, que son attelage est bien dressé, et que la terre est en bon état au moment où il commence sa besogne, il ne lui faut qu'un degré ordinaire d'expérience et d'attention à son travail pour réaliser complétement toutes les conditions d'un très-bon labour.

Défoncements. — Dès qu'un labour dépasse la profondeur de $0^m 30$ à $0^m 35$, il prend le nom de *défoncement*. Plusieurs raisons importantes rendent les défoncements presque toujours utiles, quelquefois nécessaires.

Ils ont pour but, soit d'approfondir la couche arable, quand le sous-sol est de bonne nature, soit d'ameublir le sous-sol et de le rendre perméable, sans le ramener à la surface, quand il est composé d'éléments stériles, différents de ceux de la couche superficielle. Depuis que la pratique du drainage, qui assure l'écoulement rapide des eaux souterraines, s'est généralisée en Europe, les défoncements dans le but d'assainir le sous-sol sont beaucoup moins fréquents. Mais il est toujours indispensable de défoncer périodiquement les terres très-légères, quoique fertiles, pour maintenir à son maximum leur force productive. Voici pourquoi : chaque année, les eaux des pluies entraînent et accumulent dans la partie inférieure de la couche arable une portion plus ou moins considérable des principes fertilisants contenus dans la semence enfouie dans le sol. Il en résulte qu'au bout de quatre cinq à ans, le dessous vaut mieux que le dessus. En le ramenant à la surface par un bon défoncement donné à la fin de l'automne, le contact de l'air le *mûrit*, selon l'expression reçue, et l'on en obtient, pendant deux ans au moins, de très-belles récoltes. Le défoncement n'est pas moins utile aux terres rendues à la culture après être restées en friche de temps immémorial, même quand ces terres sont assainies par le drainage : un défrichement sans défoncement est une opération manquée. Dans ce cas, la terre de la surface, mêlée de débris de végétaux, est mise à part en tas, soit seule, soit avec de la chaux, puis remise à sa place par-dessus le sol défoncé, qui doit l'être pour le moins à 0^m 80, et le plus souvent à 1 mètre de profondeur.

Les défoncements s'exécutent soit *à la bêche*, soit *à la charrue*.

Défoncement à la bêche. — Le défoncement exécuté à la bêche est toujours plus profond et plus soigné que le défoncement à la charrue. Lorsque le sous-sol renferme de grosses pierres ou de vieilles racines qu'il importe de ne pas y laisser, les ouvriers doivent employer, outre la bêche de la forme la mieux appropriée à la nature du terrain, le pic, à l'aide duquel ils arrachent aisément tout ce que la bêche ne saurait déplacer.

Le défoncement commence, comme le labour simple à la bêche, par le creusement de la jauge, dont la terre est transportée à l'autre extrémité du champ où elle reste en réserve pour combler la jauge quand les ouvriers arrivent en reculant jusqu'à cette extrémité. Quand la terre défoncée est depuis longtemps en culture, les ouvriers ont soin de retourner la couche superficielle et d'ameublir le sous-sol sans le mélanger avec le dessus; s'il s'agit au contraire de défoncer un terrain inculte, on commence le plus souvent par enlever et mettre de côté la couche superficielle, puis on procède au défoncement. L'opération terminée, les tas de terre de la superficie sont démontés et répartis également sur le terrain défoncé, comme on l'a précédemment indiqué. Pendant l'exécution d'un défoncement à la bêche, il faut surveiller les ouvriers et s'assurer de temps à autre qu'ils prennent tout le sous-sol à la même profondeur, et qu'ils le purgent exactement des vieilles racines et des grosses pierres qui peuvent s'y rencontrer.

Défoncement à la charrue. — Il n'est pas toujours possible de défoncer à la bêche, soit en raison des frais extrêmement élevés de ce mode de défoncement, soit parce que les bras manquent ; dans ce cas, on doit se contenter de défoncer à la charrue. Habituellement, le défoncement à la charrue se donne en faisant passer deux charrues dans la même raie, à la suite l'une de l'autre. La première, attelée de trois forts chevaux ou de deux paires de bœufs, est une forte charrue américaine, qui prend toute l'épaisseur de la couche arable et donne un labour profond de $0^m 25$ à $0^m 30$. La seconde est une charrue ordinaire, attelée de deux chevaux ou d'une paire de bœufs ; elle prend une portion de sous-sol et donne au fond de la raie un labour dont la profondeur est de $0^m 15$ à $0^m 20$. De cette manière, la profondeur totale de défoncement est de $0^m 45$ à $0^m 50$.

Si la nature du sous-sol est décidément mauvaise et qu'il y ait lieu de craindre de faire tort à la terre eu y mêlant une portion du dessous, la seconde charrue est une simple *fouilleuse* munie d'un soc large et solide, mais sans versoir ; elle ne peut par conséquent que diviser et ameublir le sous-sol, en le laissant à sa place.

Les deux modes de défrichement peuvent être avantageusement combinés sans excès de dépense. La besogne est commencée par une forte charrue, comme on vient de l'indiquer ; mais, au lieu de la faire suivre par une seconde charrue, on fait approfondir la raie à la bêche. On obtient ainsi un défoncement à $0^m 70$ ou $0^m 75$ de profondeur, en employant moitié moins d'ouvriers que pour un défrichement exécuté entièrement à la bêche.

Façons superficielles. — Pour pratiquer un système rationnel d'exploitation du sol, il est souvent utile de donner à la terre diverses façons superficielles pour lesquelles on emploie des instruments autres que la charrue proprement dite. Les plus usités de ces instruments sont le *buttoir*, l'*extirpateur*, le *scarificateur* et la *houe à cheval*.

Buttages. — Un grand nombre de plantes alimentaires ou fourragères ont besoin, pendant le cours de leur végétation, de recevoir un ou plusieurs buttages. Cette opération consiste à réunir au pied des plantes la terre prise dans les intervalles des lignes. Dans la petite culture, on butte avec la bêche ou la houe à bras les pommes de terre et le maïs ; dans la grande culture, on les butte avec un instrument nommé *buttoir*. C'est une charrue munie d'un double versoir et d'un soc plat, un peu plus large que celui de la charrue ordinaire. L'ouvrier qui fait fonctionner le buttoir doit apporter une attention particulière à maintenir la pointe du soc exactement au milieu de l'intervalle des lignes, sans quoi, il pourrait endommager plus ou moins les plantes et donner trop de terre aux unes et trop peu aux autres. Le buttage au buttoir est ordinairement terminé avec la houe à bras ; l'ouvrier rassemble au pied de chaque plante la terre ameublie, dans les deux sens apposés à la direction du buttoir; ce qui forme réellement une petite butte autour de chacune d'entre elles. Ce complément de buttage en augmente sensiblement l'effet utile et n'exige pas une dépense exagérée en main-d'œuvre.

Façons à l'extirpateur. — Les mauvaises herbes à racines vivaces se multiplient souvent d'une façon déplorable dans les terres livrées depuis longtemps à la culture des céréales et où les plantes sarclées ne sont revenues qu'à de trop rares intervalles. Il devient alors très-nécessaire de les détruire en commençant par donner des labours profonds suivis de hersages énergiques. Ce procédé ne ramène au dehors qu'une partie du chiendent et des autres racines dont on veut se défaire complétement ; il faut recourir à l'*extirpateur*. Les façons à l'extirpateur ne se donnent par conséquent, comme les façons à la charrue, qu'aux terres nues, c'est-à-dire qui ne sont occupées pour le moment par aucune culture. La forme et la disposition des socs de l'extirpateur ne permettent à aucune racine d'échapper à son action : il en résulte un nettoyage aussi complet qu'on peut le désirer.

On ne se sert pas toujours de l'extirpateur dans un but de nettoyage ; il est souvent usité dans le Midi, à l'approche des grandes sécheresses. Comme il prend d'un trait une grande largeur et qu'il n'impose pas aux animaux d'attelage une grande fatigue, parce que ses socs ne pénètrent pas très-profondément dans le sol, on peut le faire fonctionner rapidement et aussi souvent qu'il est nécessaire, à très-peu de frais, pour prévenir la formation, à la surface du sol labouré, d'une croûte dure qui rendrait difficiles les labours ultérieurs, et qui empêcherait la terre de profiter de l'influence fertilisante des agents atmosphériques.

L'extirpateur de petites dimensions connu sous le nom de *griffon*, et qui peut fonctionner aisément avec un seul animal d'attelage, est excellent pour ce genre de façon superficielle.

Façons au scarificateur.—Les façons au scarificateur offrent cela de particulier, qu'elles sont à peine visibles au dehors ; elles n'en sont pas moins utiles pour cela. Le plus souvent le scarificateur n'est autre chose qu'un extirpateur, dont les socs mobiles à volonté ont été remplacés par des coutres ou couteaux droits, solides et bien affilés. Dans une terre à défricher, couverte de temps immémorial d'une végétation sauvage dont les racines forment un tissu serré et comme *feutré* à l'intérieur de la couche superficielle, la charrue, même la plus puissante, avec un vigoureux attelage, ne fonctionne qu'avec beaucoup de peine; ce qui, dans la saison propre aux défrichements, peut faire perdre un temps précieux. Le scarificateur prépare très-bien la terre en friche pour la mettre en état de recevoir le premier labour ; chaque couteau de cet instrument coupe droit devant lui la terre, qui, par un premier trait de scarificateur, est divisée en longues bandes adhérentes au sol seulement en dessous ; par un second trait faisant angle droit avec le premier, ces bandes sont coupées en blocs carrés, tout en restant à leur place. Le labour à la charrue, venant après une façon au scarificateur, est facile, peu coûteux et promptement expédié.

Façons a la houe à cheval. — La houe à cheval, dans toutes les cultures en lignes, donne d'excellents binages, qui sont en même temps des sarclages, et qui doivent être complétés avec la *binette* ou *serfouette* des jardiniers, dans les lignes elles-mêmes. La houe à cheval, armée de deux ou trois socs plats, coupe entre deux terres les racines de la mauvaise herbe croissant dans les intervalles des lignes des plantes cultivées ; celui qui la fait fonctionner doit veiller avec attention à ce que les socs de l'instrument n'endommagent pas les plantes en lignes, ce qui aurait lieu si la marche de l'instrument s'écartait à droite ou à gauche de la ligne du milieu des intervalles que ses socs labourent superficiellement, à la manière des socs de l'extirpateur.

CHAPITRE X.

Hersages et roulages.

Hersages. — Circonstances dans lesquelles ils sont le plus utiles. — Hersage des terres labourées. — Entraîne les racines des mauvaises plantes vivaces. — Rend le laboureur maître de sa terre. — Hersage avant les semailles au semoir. — Avant et après les semailles à la volée. — Hersage des céréales. — Détruit les effets du hâle de mars. — Aide les céréales à taller. — Hersage des prairies. — Ses effets utiles. — Roulages. — Pour égaliser la surface du champ. — Pour briser les mottes de terres argileuses. — Pour raffermir et rehausser le sol des champs emblavés. — Pour consolider les gazons des prairies au printemps.

Hersages. — L'agriculture perfectionnée fait un fréquent usage de la herse, sans laquelle les terres arables ne peuvent pas être amenées au degré d'ameublissement désirable pour les semailles ; c'est encore la herse qui recouvre le grain confié à la terre comme semence quand les semailles n'ont pas été faites au semoir. Au printemps, la herse fonctionne avec avantage sur les champs de céréales et sur les prairies naturelles ou artificielles. Les diverses manières de faire agir la herse comprennent donc les *hersages des terres labourées, des terres ensemencées, des champs de céréales* et *des prairies.* Ces deux derniers genres de hersages sont aussi désignés sous le nom de *rehersages.*

Hersage des terres labourées. — Quand une terre plus ou moins salie par la mauvaise herbe a été bien ouverte par un labour de nettoyage, il faut, sans tarder, y faire passer la herse à dents de bois si le sol est siliceux et léger, à dents de fer s'il est compacte, argileux et pesant. Les racines du chiendent, des chardons et des autres mauvaises plantes vivaces, se prennent entre les dents de la herse qui bientôt s'en trouve surchargée ; on arrête un moment la marche de l'attelage pour soulever la herse, et la dégager ; puis le hersage continue. Les racines, ainsi ramenées à la surface, y sont réunies en tas et brûlées dès que le contact de l'air les a suffisamment desséchées.

Le hersage des terres labourées n'a pas toujours pour but de les nettoyer; on herse une terre argileuse quelques jours après un labour d'ouverture, pour diviser les grosses mottes éparses à sa surface, et empêcher qu'après avoir été battues par les pluies elles ne se durcissent au contact de l'air, après quoi il deviendrait très-difficile de les briser. Dans les terres de cette nature, le cultivateur doit donner, avec une forte herse à dents de fer, deux hersages à quelques jours d'intervalle, l'un dans le sens des raies, l'autre en travers. Par ces deux hersages, il est, selon l'expression reçue, *maître de la terre*, c'est-à-dire qu'il est assuré de pouvoir sans difficulté lui donner en temps convenable les façons ultérieures que peut exiger sa culture.

Hersage des terres ensemencées. — Quand les semailles doivent se faire au semoir, la terre doit être préparée par un ou plusieurs hersages avec la herse à dents très-rapprochées, pour pulvériser sa surface, sans quoi le semoir ne pourrait y fonctionner. Mais quand on sème à la volée, ce qui a lieu le plus souvent, on herse immédiatement avant de semer, et l'on passe la herse sur la semaille pour l'enterrer. Ce travail doit être exécuté avec beaucoup de soin ; si le hersage qui recouvre la semaille est donné avec négligence, une partie du grain reste à découvert, une autre est trop profondément enterrée : c'est autant de perdu. Quand l'attelage qui traîne la herse par-dessus la semaille est conduit avec assez d'attention, la surface du champ doit être sillonnée de petites raies parfaitement droites, régulièrement espacées ; dans ce cas, on est certain que tous les points de la surface ont été atteints par les dents de la herse, et que la semaille est aussi bien enterrée qu'elle peut l'être par un hersage.

Hersages des céréales. — Il y a, tous les ans, assez régulièrement, sous le climat moyen de la France, une période d'une ou deux semaines au printemps pendant laquelle il se forme à la surface de la terre battue par les pluies d'hiver une croûte plus ou moins dure ; cette croûte est due aux vents froids et secs désignés par les cultivateurs sous le nom très-expressif de *hâle de mars*. Dans les champs occupés par les céréales d'hiver, le durcissement de la surface du sol par suite du hâle de mars comprime le collet des racines et s'oppose au développement des pousses latérales ; on dit dans ce cas que le blé ne peut pas *taller*, et il en peut résulter une perte énorme ; car chacune des *talles* ou pousses latérales nées du collet des racines doit donner son épi.

C'est principalement pour aider les céréales à taller

qu'il est nécessaire, dans toutes les terres un peu fortes, de donner un hersage énergique, à la suite du hâle de mars. On dit dans ce cas que le cultivateur, lorsqu'il donne ce hersage, ne doit pas regarder derrière lui ; c'est-à-dire qu'il n'a pas à s'inquiéter des plantes que les dents de sa herse peuvent déraciner. Celles qui subsistent tallent avec tant de vigueur aussitôt après avoir été hersées, que les vides sont bientôt comblés.

Hersage des prairies. — A la suite des hivers longs et humides plutôt que rigoureux, il arrive assez souvent que les prairies dont le sol n'est pas naturellement très-fertile et qui reçoivent rarement un peu de fumier sont envahies par les mousses, qui étouffent les jeunes graminées provenant des semis naturels de l'été précédent, et qui rendraient la récolte de fourrage presque nulle si rien ne s'opposait à leur végétation. La première chose à faire dans ce cas, aussitôt que le sol de la prairie est au degré convenable de sécheresse, sans attendre que l'herbe recommence à pousser, c'est de promener sur la prairie en long et en large une herse légère à dents aiguës, qui entraîne la plus grande partie des mousses et dégage les graminées ; celles-ci ne tardent pas à pousser vigoureusement.

On herse de même, mais dans un but différent, les prairies artificielles de luzerne qui datent de deux ou trois ans au moins. Le hersage de printemps, donné avec une forte herse à dents de fer, emporte la plus grande partie des vieilles plantes, de sorte que la luzernière paraît ruinée ; mais la herse n'a pris que le collet des racines des vieilles plantes ; la portion de ces racines restée en terre émet, bientôt après, de nombreuses pousses, de sorte que la luzernière se trouve par cette opération, non pas ruinée, mais au contraire complétement rajeunie.

Roulages.— L'emploi du rouleau tient une place importante dans la pratique de l'agriculture perfectionnée; il égalise la surface des champs qu'on se propose d'ensemencer avec le semoir; il brise, avant le hersage, les plus grosses mottes des champs argileux labourés en temps de sécheresse. Il raffermit, à l'issue de l'hiver, les terres emblavées, soulevées par les alternatives de gelées et de dégels : ce sont les trois principales circonstances dans lesquelles cet instrument est utilisé.

Quand le roulage des terres a seulement pour but de rendre unie la surface du sol, afin de préparer les voies à l'action du semoir, on se sert habituellement d'un rouleau de bois plus ou moins pesant, selon la nature de la terre forte, légère, ou de consistance moyenne; le plus souvent il est nécessaire de le faire passer une seconde fois par-dessus le terrain ensemencé, pour en bien raffermir la surface et faire disparaître les traces extérieures du passage du semoir.

Si l'on emploie le rouleau comme *brise-mottes*, pour rendre plus facile et plus efficace l'action de la herse, il faut se servir d'un rouleau très-pesant. Les meilleurs pour cet usage sont en pierre dure ou en fonte de fer. Ces derniers, semblables à ceux dont on se sert pour les routes empierrées à la Macadam, consistent en un cylindre creux dans lequel on peut introduire une charge de pierres, pour en augmenter le poids à volonté.

Ou emploie pour le même service un rouleau connu sous le nom de *rouleau-squelette*; c'est une réunion de solides anneaux de fer, montés sur un axe commun, et séparés par des intervalles de quelques centimètres seulement; les mottes de terre les plus compactes résistent difficilement à l'action du rouleau-squelette. Pour les sols les plus difficiles à diviser, on emploie un autre genre de rouleau, construit sur le même système, mais dont chaque anneau séparément est muni de fortes dents sur ses bords : rien ne résiste à son action. Bien que ce ne soit pas une herse, son action ayant beaucoup d'analogie avec un hersage, ce rouleau est désigné sous le nom de *herse de Norvége* : il ne fonctionne qu'à l'aide d'un attelage de trois forts chevaux ou de deux paires de bœufs.

Souvent, lorsque le passage de l'hiver a été signalé par plusieurs dégels suivis de reprises de froid, la terre, tour à tour durcie et ramollie, s'affaisse autour du collet des racines des céréales qui sont déchaussées, comme si elles s'étaient soulevées. Pour les raffermir et rendre un peu de consistance au sol, dès qu'il est suffisamment ressuyé, on y passe le rouleau de bois léger, dont l'action ne peut faire aucun tort aux céréales qui n'ont pas encore, à cette époque de l'année, commencé à former le chaume qui doit porter l'épi.

Quand la taupe a beaucoup travaillé dans les prairies naturelles, et qu'au printemps elle en a hérissé la surface de ses dômes demi-sphériques, après lui avoir donné la chasse et s'en être débarrassé le plus complétement possible, il faut enlever à la pelle la terre des taupinières, et la disperser sur toute la prairie.

Ce premier travail terminé, on passe un rouleau de bois léger, qui raffermit les gazons soulevés par les gelées et les dégels, et pulvérise en même temps la terre des taupinières épandue à la volée. Si le soulèvement des gazons a été très-considérable, on fait agir, au lieu du rouleau de bois léger, un rouleau plus pesant.

CHAPITRE XI.

Des semailles.

Semailles. — Conditions qu'elles doivent réunir. — Choix du grain de semence. — Le froment Lamma. — Danger d'adopter une céréale nouvelle sans la bien connaître. — Semailles des céréales. — Remède contre la carie et le charbon. — Chaulage. — Dosage de la chaux. — Du sel. — Du sulfate de soude. — Sulfatage. — Dosage du vitriol bleu. — Ses dangers pour les ouvriers. — Pralinage du seigle. — Ses effets. — Dosage des grains de semence. — Semailles claires. — Serrées. — Moyen de les déterminer. — Époque des semailles. — Variable comme la température. — Semailles à la volée. — Au dibble. — Au semoir. — Avantages de l'emploi du semoir dans la grande culture.

Semailles. — Le cultivateur sait parfaitement combien il lui importe de bien semer; le proverbe répandu par toute la France dit avec beaucoup de sens : *Blé bien semé est à demi récolté.* Mais que doit-on entendre par bien semer? Pour que les semailles puissent être considérées comme ayant été faites dans les meilleures conditions possibles, elles ont dû satisfaire à plusieurs données essentielles, dont les principales sont : le *bon choix du grain de semence*, sa *préparation* par le *chaulage*, le *sulfatage* ou le *pralinage*, le *dosage convenable de la semence* pour une surface d'une étendue déterminée. Cela fait, le cultivateur doit encore fixer avec discernement l'*époque des semailles*, soit d'automne, soit de printemps, et enfin semer avec le plus de régularité et de soin possible, *à la volée* ou mieux *au dibble* ou *au semoir*.

Choix du grain de semence. — Les espèces et variétés de plantes cultivées dans chaque canton ne sont pas toujours les meilleures selon la nature du sol et du climat local. Le cultivateur n'en connaît ordinairement pas d'autres que celles qu'il voit semer dans son voisinage; il doit y penser à deux fois avant d'en adopter d'autres et agir à cet égard avec la plus grande circonspection. Une seule imprudence peut le ruiner; on en peut citer un exemple frappant, dont toute l'agriculture du nord de la France s'est ressentie pendant longtemps.

Il y a environ trente ans, un fermier des environs de Valenciennes reçut d'Angleterre un très-beau froment, sous le nom de *blé Lamma*. Pendant quelques années, il réalisa de beaux bénéfices à le cultiver en grand pour le vendre comme grain de semence. Une série de cinq à six hivers doux, très-convenables au tempérament du blé Lamma, le mit tellement en faveur, que sa culture se propagea dans tout le Nord, le Pas-de-Calais, l'Aisne et la Somme. Puis survint un hiver rigoureux, et tous les blés Lamma gelèrent, sans qu'il en restât un épi. Des centaines de fermiers furent ruinés; si tous les départements au nord de la vallée de la Seine avaient adopté le blé Lamma, il en résulterait une vraie disette, un désastre épouvantable dans l'une des régions les plus fertiles de notre territoire.

Le cultivateur ne peut donc changer les espèces ou variétés cultivées dans son canton que quand il sait parfaitement à quoi s'en tenir sur leur valeur et leur mode de végétation. Son choix arrêté, s'il ne sème pas des grains provenant de ses propres récoltes, il doit s'assurer que ceux qu'il achète pour ses semailles sont venus dans les mêmes conditions de sol et d'exposition que réunissent les terres de son exploitation.

Les semailles les plus importantes sont partout celles des céréales; parmi les maladies dont ces plantes peuvent être atteintes, il en est deux, malheureusement très-fréquentes, qui peuvent se propager par le grain de semence. La *carie* et le *charbon*, dont le grain de semence peut porter en lui le germe, ne s'annoncent par aucun signe extérieur; on en diminue très-sensiblement les ravages en soumettant les grains à diverses préparations, connues sous les noms de *chaulage* et de *sulfatage*.

Chaulage. — Le grain doit avant tout être vanné et criblé avec le plus grand soin, afin qu'il n'y reste ni grain ridé ou cassé, ni graine de mauvaise herbe. Cela fait, on fait fuser de la chaux vive dans assez d'eau pour qu'elle se réduise en une bouillie claire; la dose est de quatre kilogrammes de chaux vive pour un hectolitre de grain de semence, froment, orge ou seigle. L'avoine, quoique sujette au charbon, est rarement soumise au chaulage au moment des semailles. La chaux fusée est versée par portions sur les tas de grains que deux ouvriers agitent vivement à la pelle, jusqu'à ce que la dose voulue se trouve totalement absorbée; chaque grain doit être alors recouvert de chaux sur toute sa surface. L'opération doit être conduite très-lestement et faite précisément au moment où tout est prêt pour semer; il ne faut chauler à la fois que la quantité de grain qui peut être semée dans le courant de la journée.

Un autre procédé à peu près aussi efficace et plus expéditif est très-usité dans les départements du Nord-Est. On emploie la même dose de chaux ci-dessus indiquée; mais, au lieu de la réduire en une bouillie claire, on l'étend dans assez d'eau pour en faire un lait de chaux tout à fait liquide, dont on remplit un baquet à lessive. Le grain, préalablement bien nettoyé, est mis par portions dans des paniers d'osier brun, assez serrés pour qu'il ne puisse passer au travers; ces paniers, munis d'une anse, sont plongés dans le baquet de lait de chaux et retirés tout aussitôt; on les laisse égoutter quelques minutes, et le chaulage est terminé. On rend le chaulage plus utile comme préservatif contre le charbon et la carie, en ajoutant à la chaux un dixième de son poids de sel commun et autant de sulfate de soude, le reste du procédé demeurant exactement le même.

Sulfatage. — Il peut arriver que, malgré le chaulage à la chaux seule ou accompagnée de sel marin et de sulfate de soude, les ravages de la carie et du charbon ne soient point arrêtés; on a recours alors au *sulfatage*. Ce procédé consiste à faire fondre dans six litres d'eau deux cent cinquante grammes de sulfate de cuivre, sel connu dans le commerce sous le nom de *vitriol bleu*; cette dose suffit pour sulfater un hectolitre de grain. La solution encore tiède est versée sur le tas de grain par portions, tandis que deux ouvriers remuent le grain à la pelle, jusqu'à ce que tout le liquide soit absorbé.

Tandis qu'il est encore humide, on y répand, sans désemparer, de la chaux en poudre récemment éteinte, à la dose de deux kilogrammes par hectolitre, et l'on sème dès que toute la chaux est bien exactement mélangée au grain humide, à la surface duquel elle s'est fixée.

Le sulfate de cuivre étant un poison violent, il ne faut l'employer au sulfatage des grains de semence qu'en cas de nécessité; le fermier doit alors surveiller personnellement le travail, afin de prévenir les accidents graves auxquels une imprudence ou un simple manque de précaution pourraient facilement donner lieu.

Pralinage. — Le seigle, la plus avantageuse des céréales à semer dans les terres légères siliceuses, spécialement dans les terres de bruyère récemment défrichées, reçoit dans ce cas particulier une préparation spéciale connue sous le nom de *pralinage*. Le seigle bien nettoyé est humecté d'une solution d'un kilogramme de sel commun dans dix litres d'eau; tandis qu'il en est bien imbibé, on y mêle du noir de raffinerie à la dose de deux cents kilogrammes pour un hectolitre de grain. Cet engrais pulvérulent doit avoir été lui-même séparément humecté suffisamment pour que, lorsqu'on y plonge les doigts, il s'y attache et les noircisse, ce qu'il ne fait pas à l'état sec. Le mélange de seigle et de noir humide étant agité à la pelle par petites portions, tout le noir finit par s'attacher au grain, qui alors a triplé de volume et ressemble à de petites pralines noires; on le sème tout aussitôt, à la dose de deux hectolitres de seigle mesuré sec par hectare. Le seigle ainsi semé n'a pas besoin d'autre engrais, et donne, dans une terre maigre ou nouvellement rendue à la culture, une récolte très-avantageuse.

Dosage du grain de semence. — **Faut-il semer clair ou serré?** Il n'y a pas de réponse absolue à cette question. La dose de grain à répandre par hectare dépend entièrement de la nature du sol, plus ou moins fertile, et de celle de la céréale, plus ou moins disposée à taller.

S'il était possible de répandre le grain de semence à la volée uniformément, comme on le fait au semoir, à des distances parfaitement régulières, on pourrait partir d'une donnée certaine pour les semailles à la main. Un hectolitre de froment de qualité moyenne contient environ *un million* de grains; le gros poulard et les pétanielles n'en contiennent que de huit cent cinquante à neuf cent mille. Ces grains, qui dans une bonne terre tallent beaucoup, sont semés suffisamment serrés lorsqu'il s'en trouve en moyenne un grain par décimètre carré, ce qui revient à un hectolitre par hectare. Habituellement une semaille à cent cinquante litres par hectare est considérée comme une semaille claire; à deux hectolitres, elle est serrée; elle le serait trop même à cent cinquante litres si tout le grain levait et s'il était également réparti sur tous les points de la surface à ensemencer, résultat impossible à obtenir quand on ne se sert pas du semoir.

L'orge et le seigle se sèment à la même dose que le froment; l'avoine se sème un peu plus clair, à moins que le cultivateur, ayant des moutons à nourrir, ne désire avoir le plus de paille possible, auquel cas il sème l'avoine comme les autres céréales, à raison de deux hectolitres par hectare.

Époques des semailles. — On sème à deux époques de l'année : les plantes bisannuelles ou d'hiver se sèment à la fin de l'automne ; les plantes annuelles ou de printemps se sèment en février et mars. Rien de plus blâmable que d'adopter, comme on le fait dans la plupart de nos pays de grande culture de céréales, un jour fixe pour les semailles de telle ou telle plante, sans avoir égard à l'état de la terre et à celui de la saison. Sous le climat essentiellement variable de la France, il faut se régler selon le temps, et surtout, pour les semailles comme pour les labours, *prendre la terre à son point*, plutôt trop sèche que trop humide, pour que le grain hersé et roulé soit aussi parfaitement que possible enfoui dans la couche arable, partout à la même profondeur. On comprend que, selon la température de l'année, les semailles sont avancées ou retardées de huit et même de quinze jours, sans égard aux préjugés locaux, par tout cultivateur qui raisonne ses opérations. Dans la Beauce et la Brie (Eure-et-Loir et Seine-et-Marne), on sème les froments à la Saint-Éloi, le 1er décembre ; c'est rarement trop tôt ; c'est le plus souvent trop tard. On ne peut trop le répéter, une date fixe pour les semailles sous un climat inconstant, c'est un non-sens. Dans les pays à seigle, on sème cette céréale à la Saint-Rémi, le 1er octobre. Dans les années sèches, c'est quelquefois trop tôt ; dans les années humides, ce peut être dix à quinze jours trop tard.

Semailles à la volée. — Un bon semeur, dont la marche est bien réglée, dont toutes les poignées sont égales, qui sait disperser les grains avec assez de régularité, est un homme de talent, fort considéré au village, parce qu'il y a peu de bons semeurs. Cela seul s'est opposé et s'opposera longtemps à l'adoption des semoirs, qui pourtant l'emporteront à la fin, et dans un avenir peu éloigné. Il faut semer à la volée le matin et le soir, pendant le calme de l'atmosphère; en automne ainsi qu'au printemps, aux deux époques des semailles, le vent ne s'élève guère que vers le milieu du jour, et il tombe dans l'après-midi. Quelque habile que soit le semeur, quand le vent est fort, la semaille à la volée manque de régularité. Si l'on sème du grain sulfaté au vitriol bleu, il ne faut pas oublier de prendre le dessus du vent, sans quoi la poussière qui se détache du grain ainsi préparé empoisonnerait le semeur.

Semailles au dibble. — On a expliqué, en décrivant (ch. IV, p. 41) le dibble propre aux semailles des céréales, l'emploi et les avantages de cet instrument, déjà très-usité en France, surtout dans la Somme et l'Oise, et dont le mérite pour la petite et la moyenne culture est de mieux en mieux apprécié.

Semailles au semoir. — La grande supériorité des semailles au semoir pour la grande culture, c'est qu'elles ne donnent rien au hasard. Que l'atmosphère soit agitée ou calme, la distribution du grain dans le sol n'en est ni plus ni moins parfaite; tous les grains sont espacés entre eux avec une régularité géométrique; tous sont enterrés à la même profondeur; tous lèveront en lignes, ce qui facilitera les soins de culture dont les céréales auront ultérieurement besoin, et l'on n'aura pas confié au sol plus de la moitié du grain ordinairement semé à la volée. Le semeur, avec un instrument bien monté et bien réglé, n'a qu'à mener droit son attelage et remplir à temps le coffre du semoir à mesure qu'il est vide, le succès de l'opération et son influence sur la récolte sont totalement indépendantes du plus ou moins d'habileté du semeur. De là, les préjugés des ouvriers agricoles contre les semoirs en général ; mais ces préjugés touchent à leur fin ; il faut bien que le sens commun finisse par l'emporter : le sens commun est pour l'emploi général du semoir.

CHAPITRE XII.

Fenaison

Fenaison. — Son importance pour conserver la fertilité du sol. — Fauchage. — Conditions d'un bon fauchage. — Inconvénients d'un mauvais. — Ce qu'un bon faucheur peut couper par jour. — Époque du fauchage. — Dangers d'un fauchage trop tardif. — Fanage. — Son influence sur la qualité du foin. — Fanage mécanique — Bottelage. — Poids moyen des bottes de foin. — Sel ajouté au foin des prés marécageux. — Ses effets. — Meules de foin. — Leurs formes diverses. — Méthode de Klapmayer. — Récolte des graines de prairies. — Rentrée des foins dans les greniers.

Fenaison. — La récolte des plantes fourragères ne peut être faite avec trop de soin ; elle est la base de la prospérité de toute exploitation agricole. Pour se bien représenter combien il lui importe de ne rien laisser perdre du produit de ses prairies naturelles ou artificielles, le cultivateur doit se souvenir d'une vérité essentielle en agriculture. Toutes les fois qu'il vend le produit d'une récolte épuisante quelconque, lin, colza ou céréales, il doit savoir que c'est une portion de la force productive de sa terre qu'il va porter au marché ; toutes les fois qu'il fait manger ses fourrages par son bétail, c'est une portion de cette même force productive qu'il restitue à sa terre. C'est par le fumier seul qu'il peut opérer au sol cette restitution ; c'est par le fourrage seul qu'il peut produire du fumier.

Le *fenaison* ou récolte des fourrages doit, pour être faite dans les meilleures conditions, ne laisser dans la prairie aucune portion du fourrage qu'elle a produit, et *conserver* la prairie, c'est-à-dire, la maintenir dans l'état le plus favorable pour les récoltes qui doivent suivre. La fenaison comprend le *fauchage* et le *fanage*, deux opérations dont la bonne exécution exerce une influence décisive sur la qualité des fourrages et sur ses propriétés nutritives pour le bétail.

Fauchage. — La faux, partout en usage pour abattre le foin des prairies naturelles ou artificielles, n'a pas varié depuis l'antiquité la plus reculée. Il y a une observation fort importante à faire sur la manière de s'en servir. Le faucheur adroit et exercé, qui sait son métier, prend l'herbe aussi près de terre que possible, si bien que, là où il a passé, la prairie est tondue comme elle pourrait l'être par un troupeau nombreux de moutons affamés. Le faucheur maladroit donne son trait de faux assez près de terre à ses pieds; mais il laisse la lame de son instrument se relever, de sorte qu'il laisse sur pied une partie de la longueur de l'herbe, ce qui, sur des prairies d'une grande étendue, peut donner lieu à des pertes considérables. Le poids moyen du fourrage sec d'un hectare de bonne prairie est de cinq mille kilogrammes; si la partie laissée sur pied par un fauchage mal exécuté est seulement d'un dixième, c'est une perte de cinq cents kilogrammes de foin sec par hectare. Si cette perte est très-sérieuse dans les grandes exploitations, elle l'est bien plus encore dans les petites où l'on est toujours à court de ressources pour faire hiverner le bétail.

Ce n'est pas tout ; il reste sur la prairie mal fauchée ce qu'on nomme du *chaume de foin*, inégalement distribué par demi-cercles visibles à l'œil ; si la prairie vient à être inondée par des eaux troubles, le limon retenu dans ce chaume cause sur la surface des inégalités qui rendent d'année en année le fauchage plus imparfait et la perte plus sensible. Cette perte est bien plus grave encore quand les prairies sont soumises à un système régulier d'irrigations ; le fauchage défectueux tend à détruire la parfaite uniformité des pentes de laquelle dépend la distribution uniforme des nappes d'eau ; en peu d'années, tout le travail de nivellement de la prairie irriguée est à refaire.

Il importe donc au fermier de ne confier qu'aux plus habiles ouvriers qu'il peut se procurer le fauchage de ses prairies, soit naturelles, soit artificielles ; il doit surveiller personnellement et de près toute cette partie de la besogne de son exploitation. La même nécessité de faucher très-également et très-près de terre existe au même degré pour toutes les plantes fourragères qui ne doivent pas être converties en foin sec, et qu'on fait consommer à l'état frais par le bétail élève et entretenu en *stabulation permanente*, c'est-à-dire sans le laisser sortir de l'étable. Celles de ces plantes qui sont remontantes, spécialement la luzerne et les diverses variétés de trèfles, repoussent mal quand elles ont été mal fauchées, de sorte qu'il y a perte sur la première récolte et sur les coupes qui doivent la suivre. On ne doit pas exiger d'un bon faucheur qu'il abatte plus de trente-deux à trente-cinq ares de prairie dans sa journée de travail ; c'est tout ce qu'il en peut cou-

per, s'il donne à sa besogne assez de soin et d'attention.

Époque du fauchage. — L'époque à laquelle les
prairies doivent être fauchées n'a pas de date fixe; elle
dépend de la marche de la température et de celle de
la végétation, deux choses essentiellement variables
d'une année à l'autre. Le moment où une prairie naturelle doit être fauchée se règle d'après un principe
dont l'application est facile avec un peu de discernement et d'expérience. Il ne faut couper le foin ni trop
vert ni trop mûr : trop vert, il y a perte sensible sur
la qualité ; trop mûr, le foin ressemble trop à de la
paille. D'ailleurs, un grand nombre d'excellentes
plantes fourragères, parmi celle qui composent le
meilleur foin, meurent après avoir porté graine. Si
ces plantes ne sont fauchées qu'après qu'elles ont séché
sur pied, bien qu'elles se reproduisent en partie par
le semis naturel de leurs graines, la prairie s'éclaircit ;
les plantes à racines vivaces, coriaces, d'une saveur
amère ou acide, spécialement les centaurées et les patiences, prennent le dessus. Il faut donc, au moment
où l'on met la faux dans la prairie, qu'il y ait assez
de plantes mûres pour les semis naturels et que néanmoins les graminées vivaces ne soient pas séchées sur
pied de manière à ne pas pouvoir repousser. Lorsque,
d'une année à l'autre, sans cause apparente, le foin
d'une bonne prairie change de nature et devient rempli de tiges presque ligneuses de mauvaises plantes,
c'est qu'elle a été fauchée trop tard.

Fanage. — Un agronome anglais, après avoir décrit
la manière déplorable dont on fait la récolte des

fourrages dans plusieurs cantons de son pays, fait une observation fort sensée. « Si l'on avait pour but, dit-il, de faire le plus mauvais foin possible sur de très-bonnes prairies, c'est précisément ainsi qu'il faudrait s'y prendre. »

On en peut dire autant de la manière dont se font les foins dans une grande partie de la France. Le fanage, c'est-à-dire la dessiccation complète de l'herbe qu'il s'agit de convertir en foin sec pour pouvoir la conserver en meules ou dans les greniers, ne rencontre des difficultés sérieuses que quand cette opération est contrariée par le mauvais temps. Il est aisé, du reste, à part quelques années d'une température tout à fait exceptionnelle, de saisir le moment opportun ; car, à l'époque de la fenaison, tant qu'il pleut, le foin ne mûrit pas ; on peut le laisser debout sans inconvénient. Lorsqu'il devient nécessaire de commencer la fenaison par un temps incertain, les faucheurs sont mis à l'œuvre dans l'après-midi. L'herbe coupée, quand même elle serait mouillée pendant la nuit, ne s'échaufferait pas ; elle n'éprouverait aucun mouvement de fermentation, et le fanage pourrait commencer le lendemain, dès que le soleil aurait chassé l'humidité de la nuit. On fane habituellement avec des fourches de bois, en ayant soin d'éparpiller l'herbe en la retournant, afin qu'elle retombe à terre sans être pressée, et qu'elle offre plus de prise à l'air chaud qui doit en opérer la dessiccation. Dès qu'on juge le foin assez sec, on le réunit en *meulons* ou petites meules provisoires, à l'aide de râteaux à longues dents de bois ; s'il survient de la pluie, le dessus seul des meulons est mouillé ;

mais, quand la pluie persiste, il faut démonter les meulons et recommencer le fanage, ce qui fait perdre au foin, avec une partie de sa bonne odeur, la portion la plus précieuse de ses propriétés nutritives. Avec beaucoup d'activité et d'attention à mettre le beau temps à profit, les pertes de ce genre peuvent presque toujours être prévenues.

Dans les grandes exploitations, l'opération du fanage est rapidement enlevée à l'aide de la *faneuse mécanique* et du *râteau à cheval*. (Voy. ch. v, page 47.)

Dans un grand nombre de départements, le foin sec, avant d'être rentré en grange, est *bottelé*, c'est-à-dire rattaché en bottes maintenues par deux liens de foin tordu ; le poids moyen de ces bottes est de 5 kil. La grande habitude ne permet guère à un bon botteleur de se tromper. Ainsi, sur les marchés au fourrage de Paris, on livre habituellement 100 bottes de foin pour 500 kilog., et il est rare que le poids ne s'y trouve pas juste à quelques kilogrammes près. Le bottelage, dans le voisinage des villes, facilite la vente et la livraison aux fournisseurs pour la cavalerie ; il offre surtout l'avantage de faciliter le règlement des rations, et d'isoler les bottes entre lesquelles l'air peut toujours circuler, ce qui prévient tout échauffement du fourrage par fermentation.

Le foin des prés bas et marécageux est souvent très-difficile à rentrer parfaitement sec ; il contracte facilement la moisissure et devient malsain pour le bétail, qui ne le mange que faute de mieux. On en corrige en partie la mauvaise qualité en y ajoutant du sel, au moment où il est mis en meules qu'on dresse couche par couche. La dose est en moyenne de 10 kilog. de sel pour 1,000 kilog. de foin ; la moitié de cette quantité suffit déjà pour rendre très-mangeable le gros foin des prés médiocres, et pour prévenir la moisissure à l'intérieur des meules.

On construit souvent les meules de fourrages, comme celles de céréales, de forme arrondie, finissant en cône et coiffées d'un toit en chaume. Dans l'ouest, on leur donne la forme d'une maison ; elles sont dans ce cas tournées de l'est à l'ouest et couvertes en chaume comme de véritables constructions rurales. Près de la mer, on les assure contre l'action des vents violents, en faisant passer par-dessus de solides liens de foin tordu, retenus à chaque bout sur le sol par de grosses pierres. Pour utiliser le fourrage de ces meules, qu'on a soin de comprimer fortement, on ne les démonte pas ; elles sont entamées par l'un des côtés qui figure le pignon d'un bâtiment ; de grandes lames faites exprès pour cet usage coupent la portion dont on a besoin, de sorte que, sans changer de forme, sans enlever la couverture et sans rien perdre de sa solidité tant qu'il en reste une partie debout, la meule diminue graduellement en longueur, jusqu'à ce qu'elle finisse par se réduire à rien. Cette disposition est excellente pour la bonne conservation des fourrages.

Méthode de Klapmayer. — On sait que c'est dans le nord de l'Allemagne, spécialement dans le royaume de Hanovre, que les avantages de la culture du trèfle ont été primitivement reconnus. Sous le climat de ce pays, l'excès de l'humidité, joint à la rareté des beaux jours à l'époque de la fenaison, peut donner lieu à un déchet considérable sur la récolte de cette excellente plante fourragère, quand elle doit être convertie en fourrage sec. Ce déchet tient surtout à ce que, quand la dessiccation de la plante est contrariée par des alternatives de sécheresse et d'humidité, les feuilles, partie la plus nourrissante du trèfle, se détachent et tombent ; on ne récolte dans ce cas que les tiges du trèfle sec, et le meilleur de ce fourrage est perdu. Un agronome allemand, Klapmayer, a inventé, pour obvier à ce grave inconvénient, la méthode qui porte son nom : elle s'applique exclusivement à la fenaison du trèfle.

Après avoir fauché le fourrage en pleine fleur, au lieu de l'étendre pour le faner à la manière ordinaire, on le réunit en meules au sein desquelles une vive fermentation ne tarde pas à se produire. On la laisse aller jusqu'à ce qu'elle atteigne à son plus haut degré, ce qui a lieu au bout d'un temps plus ou moins long, selon l'état de la température. La masse de trèfle fermentée est alors devenue brune ; elle exhale une forte odeur particulière, qui ne ressemble pas à celle du trèfle fané sans fermentation. On se hâte alors de démonter les meules, et, comme la complète dessiccation du trèfle fermenté doit être aussi rapide que possible, on dresse les unes contre les autres trois échelles de meunier, comme des armes en faisceau ; le trèfle fermenté est jeté sur cet appui, sans le tasser ; le vide intérieur établit un courant d'air, grâce auquel la dessiccation est bientôt complète. Les feuilles du trèfle desséché par la méthode de Klapmayer ne se détachent pas, et, quoique le fourrage sec ainsi préparé n'ait pas un aspect agréable, les bestiaux le mangent avec plaisir.

Durant la fermentation du trèfle, il se dégage d'abondantes vapeurs qui ont un caractère alcoolique très-prononcé, capable de produire l'ivresse. Le célèbre agronome allemand Thaër rapporte que, la première fois qu'il fit l'essai de la méthode de Klapmayer pour la fenaison des trèfles, tous ses ouvriers, en démontant les meules en pleine fermentation, se trouvèrent complétement ivres ; revenus à eux, ils lui cherchèrent querelle, non pour les avoir grisés, mais pour les avoir exposés à se trouver ivres sans avoir bu.

Récolte des graines de prairies. — C'est à l'époque de la fenaison que le fermier, jaloux de maintenir ses prairies permanentes dans le meilleur état possible, doit avoir soin de s'approvisionner de *graines de prairies*. Dans l'usage ordinaire, on sème tout simplement dans une céréale des balayures de grenier à foin, parmi lesquelles il peut se trouver autant de graines de mauvaise herbe que de semences de bonnes graminées. L'année suivante, on a une prairie telle quelle, dont le fourrage est souvent plus que médiocre. On aurait pu le rendre excellent par le procédé suivant, très-usité en Belgique et en Angleterre, et facile à appliquer partout où il existe des prairies naturelles. Une petite partie d'une bonne prairie est soignée depuis les premiers jours du printemps, dans le but d'en récolter la graine. A mesure que la végétation s'y développe, toutes les plantes autres que les graminées qui constituent le meilleur foin sont soigneusement arrachées ; on extirpe surtout les centaurées, les berces, les patiences, et toutes les plantes aigres ou amères, à racines pivotantes, faciles à distinguer au milieu des graminées.

7.

Quand vient le temps de la fenaison, il ne reste sur la portion de prairie ainsi traitée que des graminées de premier choix. Cette portion est fauchée à part, à un état de maturité assez avancé, les graines en sont récoltées pour servir soit à créer de nouvelles prairies, soit à repeupler les parties dégarnies des prairies anciennes. A cet effet, on porte sur la prairie une toile épaisse sur laquelle on place des claies d'osier très-peu serrées ; le foin est battu par petites portions sur ces claies. Lorsqu'on s'y prend avec assez de soin, la graine de foin qui passe à travers les claies peut être récoltée très-propre sur les toiles. Il n'existe pas de meilleure méthode pour récolter à l'époque de la fenaison de bonne graine de prairie ; l'application de cette méthode exige si peu de frais, elle donne si peu d'embarras, et son résultat est si évidemment avantageux, qu'elle devrait être généralisée, pour toutes les prairies permanentes.

Rentrée des foins dans les greniers. — Il reste quelques indications à donner sur le placement des foins secs dans les greniers, opération qui forme le complément de la fenaison. Dans les pays où l'on ne conserve pas le foin bottelé, il est plus sujet qu'ailleurs à fermenter, pour peu qu'il conserve d'humidité ; quelquefois l'échauffement de la masse de foin produit une chaleur tellement intense, que le feu s'y déclare ; beaucoup d'incendies de fermes n'ont pas d'autre cause. Les désastres de ce genre n'ont presque jamais lieu dans les greniers où l'on conserve du foin en bottes, parce que, quand même les bottes de foin seraient empilées en masse telle, qu'elles éprouveraient une forte pression, il circulerait toujours assez d'air dans la masse pour compléter la dessiccation et rendre impossible l'échauffement excessif par la fermentation.

Dans tous les cas, et quand même le fourrage rentré dans le grenier paraîtrait aussi parfaitement sec que possible, il faut pendant plusieurs jours, si le temps n'est pas à la pluie, enlever une portion des tuiles du toit. Par cette ouverture temporaire, on voit s'élever comme une sorte de fumée la vapeur produite par le mouvement de fermentation plus ou moins prononcé que le foin sec éprouve toujours dans le grenier. Grâce à cette précaution, en supposant d'ailleurs la fenaison faite dans de bonnes conditions, la moisissure du foin dans les greniers n'est pas à craindre, non plus que l'inflammation spontanée des fourrages en fermentation.

CHAPITRE XIII.

Moisson.

Moisson. — Grains récoltés très-mûrs. — Récoltés avant maturité. — Moisson à la faucille. — Lente et pénible pour le moissonneur. — Moisson à la faux. — Difficulté du fauchage des céréales. — Moisson à la sape. — Piqueteur. — Emploi du piquet. — Moisson à la machine. — Moyettes. — Moyettes flamandes. — Leurs avantages. — Récolte du sarrasin. — Du colza. — De la navette. — De la caméline. — Du pavot. — Œillette. — Des graines légumineuses. — Du lin. — Du chanvre.

Moisson. — La récolte des céréales désignée sous le nom de *moisson* est la plus importante de toutes celles que produit l'agriculture européenne ; partout le temps de la moisson est un temps de fête pour le laboureur : c'est le moment où il recueille le fruit de ses travaux de toute l'année. L'époque à laquelle chaque genre de céréale doit être moissonnée varie d'année en année : elle peut être avancée ou retardée, selon l'état de la température. La première question qui se présente est celle du point de maturité auquel doivent être parvenues les céréales pour être moissonnées.

Les grains moissonnés, parfaitement mûrs, pèsent un peu plus et sont généralement de qualité un peu plus belle que les grains récoltés avant maturité ; mais on en perd toujours plus ou moins par l'égrenage, et, si la moisson est contrariée par le mauvais temps, ce qui n'est pas rare en France, le grain trop mûr, mouillé par la pluie, germe dans les épis en gerbe, au grand préjudice du cultivateur. C'est encore ce qui arrive quand les blés ont été versés par les vents ou les orages ; si l'on attend trop tard pour les moissonner, ils peuvent être en grande partie perdus.

Les grains moissonnés un peu avant leur parfaite maturité peuvent donner d'aussi bonne farine que les autres ; ils sont seulement moins propres à servir de grains de semence, ce qui ne cause pas de perte réelle au cultivateur ; car il lui est toujours facile de laisser sur pied jusqu'à maturité complète une petite portion de la récolte, proportionnée à la quantité de grains dont il a besoin pour ses semailles. En moissonnant tout le reste un peu moins mûr, d'une part il ne perd rien par l'égrénage, de l'autre, il n'a pas lieu de craindre que ses grains, par suite d'un temps pluvieux, ne germent dans l'épi. Il y a donc avantage très-réel à ne pas attendre, pour moissonner les céréales, que le grain se détache trop facilement de l'épi, par excès de maturité.

La moisson se fait de trois manières principales : *à la faucille, à la faux* et *à la sape* ; sur quelques points seulement de nos pays de grande culture, on commence à se servir aussi de la *moissonneuse mécanique* qui ne peut fonctionner qu'avec le secours d'un attelage.

Moisson à la faucille. — L'antique usage de moissonner à la faucille est encore seul en vigueur dans une grande partie de la France. Ce genre de moisson est lent et incommode ; il exige le concours d'un grand nombre d'ouvriers qu'il n'est pas toujours possible de se procurer à un moment donné en nombre suffisant, ce qui oblige souvent le fermier à laisser sur pied ses récoltes beaucoup plus longtemps qu'elles ne devraient y rester. Le moissonneur à la faucille, forcé de travailler courbé, dans une position aussi gênante que fatigante, laisse sur pied un chaume très-long, ce qui cause une perte considérable sur la longueur de la paille. C'est d'ailleurs le genre de moisson qui coûte le plus cher, en raison de la somme de main-d'œuvre qu'il y faut dépenser.

Moisson à la faux. — La moisson à la faux est plus expéditive que la moisson à la faucille, dont elle n'a pas les inconvénients ; elle nécessite l'emploi de la faux garnie, dont le treillage retient les épis coupés et les empêche de s'embrouiller les uns dans les autres en tombant pêle-mêle sur le sol. (Voy. ch. v, page 48.)

Malheureusement le fauchage des céréales n'est pas toujours praticable, au moins pour les froments. S'ils sont versés, ce qui arrive surtout aux blés très-forts, venus sur une fumure abondante, la faux n'y peut agir convenablement ; s'ils sont un peu trop mûrs, la secousse que la faux leur imprimerait donnerait lieu à un égrenage ruineux ; enfin, et c'est l'obstacle principal à l'emploi général de la faux pour la moisson du froment, la résistance opposée par la paille de cette céréale est telle, que le plus robuste faucheur ne peut pas soutenir un si rude travail au delà de quelques heures sans être excédé de fatigue.

Pour tous ces motifs, l'usage de la faux garnie, employée à la moisson des céréales, s'applique rarement au froment ; il est très-fréquent, au contraire, pour abattre promptement et à peu de frais l'orge, l'avoine, et même le seigle venu en terre légère et dont par conséquent la paille n'est pas trop dure.

Moisson à la sape. — On nomme *sape* la petite faux à poignée coudée, à manche court, dont se servent de temps immémorial les moissonneurs belges, et dont l'usage commence à être adopté partout en France dans les pays de grande culture des céréales. Aucun procédé n'est comparable à celui de la moisson à la sape pour récolter le froment et le seigle. L'ouvrier, qu'on désigne sous le nom de *piqueteur* est armé de la main droite, de la sape, et de la gauche, du piquet à long manche plat, dont la courroie est passée autour de son poignet. (Voyez chap. v, page 49.) A l'aide du long crochet dont son piquet est muni, il isole et maintient une poignée de céréale, d'une grosseur en rapport avec la longueur de la lame de la sape ; d'un seul coup, et sans nul effort, il tranche cette poignée au niveau du sol, et sans quitter son principal instrument, il range de côté, à l'aide du piquet, les épis qu'il vient d'abattre. Il fait alors un pas de côté et continue son travail, de sorte que toute la récolte du champ moissonné à la sape par le piqueteur se trouve rangée en lignes droites, parallèles entre elles, dans un ordre parfait, toute prête pour être liée en javelles.

Lorsqu'on voit pour la première fois un piqueteur à la besogne, on se demande comment il y a encore des gens qui moissonnent à la faucille ou à la faux ? Le piqueteur se baisse légèrement et se relève alternativement, par un mouvement continu et régulier qui ne lui impose aucun excès de fatigue ; car il [fournit sa journée complète de travail comme tout autre ouvrier agricole, pendant toute la saison de la moisson, sans en être incommodé. Le froment le plus dur, le plus endommagé par le versage, le plus difficile à abattre à la faux ou à la faucille, se moissonne à la sape au même prix et dans le même espace de temps que s'il était clair-semé, faible et parfaitement droit; le piqueteur n'y fait aucune différence. Le mauvais temps force-t-il à moissonner les blés trop mûrs, la moisson à la sape est encore celle qui les égrène le moins.

Moisson à la machine. — Ce n'est pour ainsi dire jusqu'à présent qu'à titre d'essai que la moissonneuse mécanique a été employée à la moisson des céréales; son prix d'achat très-élevé et surtout la difficulté de vaincre la répugnance que son introduction inspire aux ouvriers agricoles sont les principaux obstacles qui s'opposent à l'adoption de cette manière de moissonner. Les moissonneuses mécaniques (voyez chap. v, page 51) expédient la besogne très-rapidement; elles prennent la paille très-près de terre et n'égrènent pas les céréales : ce sont leurs principaux avantages; elles ne peuvent fonctionner convenablement qu'en plaine et sur des terrains parfaitement unis.

Moyettes. — Les céréales coupées ne peuvent pas être immédiatement mises en meules ou serrées dans la grange; elles doivent passer quelques jours sur le sol pour que la paille achève de se sécher et le grain de mûrir dans l'épi. Sans cette précaution, les gerbes en meule ou en grange fermenteraient, et il y aurait perte considérable sur la qualité du grain. Les gerbes sont disposées de distance en distance dans les champs en tas désignés sous le nom de *moyettes*. Si les gerbes en moyettes sont dans une position horizontale, celles qui reposent immédiatement sur le sol restent trop longtemps humides, ce qui oblige à les retourner ; en cas de pluies, celles de dessus sont les plus mouillées, et l'on a souvent bien de l'embarras pour les faire sécher. La meilleure forme à donner aux moyettes est connue sous le nom de *moyette flamande :* elle consiste à placer debout trois gerbes appuyées les unes contre les autres comme des armes en faisceau ; cela fait, on délie une quatrième gerbe, non pas tout à fait, mais assez pour pouvoir la desserrer et l'ouvrir en forme de parasol ; on la pose, les épis en bas sur la tête des autres gerbes ; une moyette en cet état peut braver plusieurs jours de pluie sans que le grain en soit détérioré. L'usage des moyettes flamandes gagne du terrain tous les ans, il doit finir par être universellement adopté dans les pays de grandes cultures des céréales.

Moisson du sarrasin. — Les habitants de plusieurs départements, au sol siliceux très-léger et peu fertile, ont pour base de leur alimentation habituelle le *sarrasin*, également connu sous ce nom et sous celui de *blé noir*, bien que ce ne soit pas un blé, et que la plante appartienne à la famille des *polygonées*, très-éloignée de celle des graminées qui renferme toutes les céréales proprement dites. La moisson du sarrasin se rattache naturellement à celle des céréales, soit à cause de la destination des produits de cette plante, soit parce que l'opération offre avec la moisson des céréales une grande analogie.

Le mode particulier de végétation du sarrasin rend

fort difficile de préciser le moment où il convient de
le moissonner. Lorsqu'il est semé tardivement en été,
s'il était livré au cours naturel de sa végétation, il ne
serait arrêté que par les premières gelées auxquelles
il ne résiste pas; la plante, commençant de bonne
heure à fleurir, porte, vers le bas des graines qui se détachent et tombent par excès de maturité, des graines
vertes ou à demi mûres vers le milieu de sa hauteur,
et des fleurs ouvertes ou prêtes à s'ouvrir, aux extrémités supérieures de ses rameaux. Il est donc maté-
riellement impossible au cultivateur, de quelque manière qu'il s'y prenne, de récolter la totalité des produits
en grain du sarrasin : les oiseaux sauvages, particulièrement les perdreaux, en consomment toujours
une bonne partie. La moisson du sarrasin se fait quand
il reste encore une portion des grains du bas de la
plante et que ceux du milieu de la tige commencent à
être à peu près mûrs. Quand la saison a été plus sèche
que de coutume, on ne coupe pas le sarrasin, la perte
par l'égrenage serait trop considérable; il faut une
certaine habitude de ce genre de travail pour arracher
le sarrasin en enlevant la plante sans la pencher et en
lui imprimant le moins de secousse possible. A mesure qu'on les arrache, les tiges sont immédiatement
réunies en javelles par des liens de paille de seigle
préparés d'avance; ces javelles sont arrangées debout,
de la même manière que les céréales disposées en
moyettes flamandes; la partie des grains assez avancée
complète sa maturité dans cette position. Quand la
saison n'est que modérément sèche et qu'un excès
d'égrenage n'est pas à craindre, le sarrasin est abattu

à la faucille, à la faux ou à la sape, comme une céréale, puis arrangé en moyettes, comme on vient de
l'indiquer. Les cultivateurs les plus soigneux battent
le sarrasin sur place, dans de grandes toiles, ou bien
ils garnissent de toile les tombereaux dans lesquels la
récolte est transportée à l'exploitation, pour être
battue en grange.

Récolte des graines oléifères. — Le *colza*, la *navette*, la *caméline* et le *pavot-œillette*, cultivés en grand
dans le nord de la France, sont pour plusieurs départements l'objet d'une culture d'une grande importance;
leur récolte fait partie de la moisson; elle exige quelques précautions particulières, qu'il est nécessaire d'indiquer.

Colza. — La graine de colza, en approchant de sa
maturité, passe du vert au noir foncé; celle qu'on récolte dans un état de maturité imparfaite reste d'un
ton rougeâtre qui la déprécie pour la vente. D'un autre côté, si l'on attend pour récolter le colza qu'il soit
complétement mûr, il s'en perd par l'égrenage une
partie considérable. La silique du colza est formée de
deux valves entre lesquelles est placée une cloison qui
supporte les graines; l'ardeur du soleil d'été fait ouvrir ces valves et met à découvert la graine qui tombe
et devient la proie des oiseaux, spécialement des nuées
de linottes, qui en sont fort avides. Il y a donc nécessité
de couper le colza un peu avant sa maturité, quand
les siliques commencent à passer extérieurement du
vert pâle au blond. Le moment doit être choisi avec
beaucoup d'attention; la graine du colza récoltée un
peu trop tôt, même quand elle n'est pas mêlée de

grains rouges, est ridée à sa surface, peu riche en huile, et d'une valeur inférieure à celle de la même graine récoltée bien à son point.

La meilleure manière de récolter le colza consiste à couper le bas des tiges avec une serpette bien affilée, qui les tranche net sans les secouer. On en forme aussitôt, avec des liens de paille de seigle, des bottes qu'on laisse debout, sur place, afin que la graine achève d'y mûrir. Dans cette situation, un fort coup de soleil peut bien faire ouvrir quelques siliques ; mais la perte ne peut jamais être aussi grave que si la maturité s'était complétée dans la plante sur pied. Quand la température défavorable a forcément retardé la récolte, on ne coupe pas le colza, on l'arrache avec les mêmes précautions indiquées pour le sarrasin. Une fois la graine arrivée juste au degré de maturité où elle a le plus de valeur, elle est battue sur place dans des toiles à voiles, ou bien transportée à la ferme dans des charrettes garnies de toile intérieurement, puis battues immédiatement en grange, au fléau.

Navette. — La récolte de la navette exige moins de précautions que celle du colza, bien que ces deux plantes soient très-voisines l'une de l'autre, parce que la graine de navette adhère fortement à la silique, et que celle-ci n'a pas de dispositions à s'ouvrir sous l'influence d'un rayon de soleil ardent. Aussi peut-on faucher la navette et la laisser sécher en moyettes, sans plus de cérémonie que s'il s'agissait de moissonner un champ d'avoine. Ces deux plantes sont d'ailleurs assez souvent semées ensemble ; dans ce cas on les bat également ensemble et l'on sépare la graine de colza de l'avoine battue, en criblant le mélange dans un crible à trous ronds assez fins pour retenir l'avoine en laissant passer le colza.

Caméline. — Cette plante n'est guère cultivée en France que sur notre extrême frontière du Nord, où on l'a surnommée le *colza des terrains pauvres*. Elle mûrit très-régulièrement, n'est point sujette à l'égrenage et doit être récoltée parfaitement mûre. On la coupe soit à la faux, soit à la sape; on peut ne la rentrer que quand elle est bien sèche, sans plus de précaution que n'en exige une récolte de céréale. Les tiges, lorsqu'on les bat avec ménagement, laissent échapper toute leur graine sans être elles-mêmes brisées; on en fait dans ce cas des balais durables et d'un très-bon usage.

Pavot-œillette. — La récolte de la graine de pavot-œillette est une de celles qui exigent le plus de précautions. La forme des capsules ou *têtes de pavot* rend l'égrenage à peu près impossible tant que la plante reste dans une position verticale; cette perte peut être énorme, lorsqu'il survient aux approches de la récolte des orages accompagnés de violents coups de vent, qui renversent les pavots, et répandent sur le sol une partie de la graine. Le pavot-œillette doit toujours être arraché, et non coupé, en apportant le plus grand soin à tenir pendant l'opération les tiges aussi droites que possible. A mesure qu'on en arrache une poignée, elle est transmise à un ouvrier qui la secoue vivement au-dessus d'un baquet à lessive apporté sur place à cette intention. La graine, par cette première opération, n'est jamais séparée intégralement; il en reste dans les têtes de pavot une partie imparfaitement mûre, qui adhère encore aux cloisons intérieures. Les têtes secouées sont réunies par bottes, qu'on laisse debout en moyettes, sur le champ récolté, jusqu'à ce que la graine qui s'y trouve encore ait eu le temps de compléter sa maturité ; la récolte est alors emportée à la ferme, avec les mêmes précautions que pour le colza, et battue en grange dès qu'on juge les têtes de pavot suffisamment sèches.

Récolte des graines légumineuses. — La place que les graines légumineuses occupent dans le régime alimentaire de l'homme donne à leur récolte une importance peu différente de celle des céréales. Dans plusieurs départements la récolte des haricots sur des champs d'une très-grande étendue est considérée comme l'un des principaux produits de l'agriculture locale ; elle se fait par deux méthodes différentes, selon que les haricots sont *à rames* ou *sans rames*.

Haricots. — Quoique le haricot fleurisse et mûrisse son fruit successivement pendant une partie de la belle saison, lorsqu'il a fini de fleurir, sa tige se dessèche et se trouve chargée de fruits ou *siliques* renfermant des haricots mûrs sur toute sa longueur. Les espèces à rames qui sont les plus productives se récoltent en abattant les rames. On dépouille ensuite facilement la plante de toutes les siliques qu'on dépose dans les greniers, pour les battre seulement au moment de la vente ; le haricot ne se conserve nulle part mieux que dans sa silique. Souvent cette récolte est contrariée par le mauvais temps ; les alternatives de pluie et de soleil font ouvrir les siliques ; les haricots tombent à terre et sont en partie perdus ; dans ce cas, il vaut mieux ne pas attendre que les siliques du sommet des tiges, renfermant des grains de peu de valeur, soient tout à fait mûres ; il y aurait trop à perdre par l'égrenage. Les siliques récoltées imparfaitement sèches doivent être étendues en couche peu épaisse sur le plancher du grenier ; elles achèvent de s'y dessécher et peuvent s'y conserver facilement d'une année à l'autre.

La récolte des haricots nains, sans rames, se fait en arrachant les tiges, qu'on relie en bottes peu volumineuses, et qu'on laisse debout sur le terrain pendant quelques jours, quand le temps le permet. Dès qu'on juge leur dessiccation complète, les bottes sont enlevées et battues immédiatement au fléau, à moins que la vente des haricots ne doive être différée ; dans ce cas, les siliques sont cueillies, et le haricot est conservé dans sa silique, comme celui des espèces à rames.

Pois. — Dans plusieurs de nos pays maritimes, spécialement dans les départements de l'ancienne Normandie, on cultive en grand pour, la consommation des équipages des navires, le *pois vert normand* et quelques autres espèces, qui tiennent dans les assolements autant de place que les céréales. Ces pois doivent être abattus à la faux quand la plante passe du vert au jaune ; on dresse assez souvent, pour hâter la dessiccation, des perches auxquelles on attache les bottes de pois coupés ; ils sont enlevés et battus dès qu'on les juge suffisamment secs.

Fèves. — C'est aussi à la faux qu'on abat les récoltes de fèves dans les pays où elles sont traitées en grande culture pour la nourriture de l'homme, particulièrement pour celle des marins. On doit faucher les champs de fèves quand toutes les siliques ont passé du vert clair au noir foncé, indice certain de la maturité des grains. Les bottes restent quelques jours debout, sur place, dressées les unes contre les autres, pour compléter leur dessiccation. On peut les conserver en cet état, soit en meules, soit dans la grauge, et ne les battre qu'au moment de la vente.

Récolte du lin. — La valeur très-élevée des produits du lin donne à sa récolte une importance égale à celle des produits les plus précieux de l'agriculture, partout où le lin est cultivé sur une grande échelle. Le moment précis auquel il convient d'y procéder ne peut être déterminé que par les cultivateurs les plus expérimentés. Si le lin a été cultivé principalement en vue de sa fibre textile, ce qui a lieu le plus souvent, on ne doit pas attendre que la graine soit parfaitement mûre, celle-ci n'étant, dans ce cas, considérée que comme un produit tout à fait secondaire. La graine du lin récolté un peu avant sa maturité donne une huile d'aussi bonne qualité que la graine complétement mûre; seulement elle ne peut être employée aux semailles. Dans toute grande exploitation du nord de la France, où le lin fait régulièrement partie des assolements, on consacre toujours un certain espace au lin dont la graine est destinée aux semailles; la fibre textile en est à peu près sacrifiée; on ne la récolte que quand la graine, regardée comme le produit principal, est aussi mûre qu'elle peut l'être.

Avant de récolter le lin, on dresse sur la limite du champ de longs chevalets formés de piquets inclinés et croisés, sur lesquels des perches minces et longues sont posées horizontalement, à trente ou quarante centimètres du sol. Le lin est alors arraché par poignées et lié en petites bottes de cinq à six centimètres de diamètre. Ces bottes sont posées sur deux rangs, légèrement inclinées, le long des perches préparées pour leur servir d'appui. Elles y restent plus ou moins longtemps, selon l'état de la température, et sont ensuite enlevées pour leur faire subir l'opération du rouissage.

Récolte du chanvre. — Le chanvre ne peut pas être, comme le lin, récolté en une seule fois. La plante étant dioïque, c'est-à-dire donnant des fleurs mâles et des fleurs femelles sur des pieds différents, les plantes mâles seraient perdues si l'on attendait, pour les enlever, que les plantes femelles eussent mûri leur graine. Tant que la graine n'est pas mûre, la tige reste verte, et la fibre textile n'a pas acquis toute sa solidité.

C'est pour faciliter l'arrachage des pieds mâles mûrs les premiers que les champs de chanvre ou *chènevières* sont partagés en planches séparées par des rigoles assez larges pour servir de passage, sans qu'il soit nécessaire d'entrer dans la chènevière elle-même. Le chanvre mâle n'a jamais, quant à sa fibre textile, la même valeur que le chanvre femelle. La proportion entre les plantes des deux sexes est impossible à déterminer, rien n'indiquant dans la graine si elle doit donner des fleurs femelles ou des fleurs mâles; cette considération seule fait rejeter des cultivateurs des sous-variétés excellentes sous d'autres rapports.

Le chanvre est lié par bottes de la grosseur du poing à mesure qu'il est arraché; les bottes sont appuyées les unes contre les autres, comme des armes en faisceaux; si les vents violents, qui pourraient les renverser, règnent au moment de la récolte, on consolide les faisceaux de bottes en réunissant un peu de terre autour des racines.

Quand le chanvre femelle est lié en bottes, on ne peut le laisser debout comme le chanvre mâle ; presque toute la graine deviendrait la proie des oiseaux. On creuse un trou circulaire de deux ou trois décimètres seulement de profondeur; les sommets des bottes, chargés de graines, y sont réunis, les racines étant disposées en rond sur les bords du trou, ce qui rend la graine moins facilement accessible aux oiseaux, qui néanmoins en prennent toujours leur bonne part.

Dès qu'on juge que la graine a complété dans cette situation sa maturité, les bottes de chanvre femelle sont battues et soumises au rouissage.

TABLE DES MATIÈRES

CHAPITRE PREMIER.

Instruments aratoires, 9. — Bêche commune, 10. — A tranchant courbe, 10. — Flamande, 11. — Pioche-houe, 12. — Tranche, 12. — Hoyau, 13. — Pic, 13. — Bêchard, 14. — Charrue, 14. — Araire phocéen, 14. — Foureas romain, 14. — Arriau gaulois, 15. — Charrues avec avant-train, 15. — Pièces de la charrue, 15. — Age ou flèche, 15. — Sep ou talon, 16. — Soc, 16. — Versoir, 16. — Coutre ou couteau, 17. — Avant-train, 18. — Soc, sa forme, ses fonctions, 16. — Versoir de bois, de fonte, de fer forgé, 16. — Fonctions du coutre, 17. — Charrues françaises, 18. — Charrue Dombasle, ou araire de Roville, 19. — Charrue Grangé, 20. — Charrues étrangères, 18. — Charrue de Brabant, 18. — Anglaise de Ransome, 18. — Écossaise de Small, 18. — Rohadlo de Bohême, 18. — Problème à résoudre pour une bonne charrue, 20. — Équilibre de ses parties, 20. — Charrue fouilleuse d'Altenburg, 22 — Ses usages, 22.

CHAPITRE II.

Instruments complémentaires de la charrue, 25. — Buttoir, 24. — Ses divers usages, 24. — Buttage, 25. — Formation des billons, 25. — Extirpateur, 25. — Son utilité, 26. — Griffon, 26. — Son emploi pour ouvrir le sol, 26. — Scarificateur, 27. — Son action sur les terres à défricher, 27. — Comment on le substitue à l'extirpateur, et réciproquement, 27. — Houe à cheval, 27. — Soins à prendre pour la faire fonctionner, 27. — Herse commune à dents de fer, 28. — A dents de bois, 28. — Disposition des dents, 28. — Herse anglaise pour les semailles de graines graminées, 29. — Rayonneur, 29. — Rouleau de bois, 29. — Rouleau compresseur, 30. — Rouleau-squelette, 30. — Rouleau à cercles dentés, 30. — Herse de Norvége, 30.

CHAPITRE III.

Choix des instruments de transport pour les exploitations rurales, 32.

— Tombereau des Landes, 33. — Manière de le vider, 33. — Charrette à bœufs de l'ouest de la France, 33. — Ses défauts, 33. — Brouette à côtés pleins, 33. — A claire-voie, 34. — A couvercle pour les engrais liquides, 34. — Civière en trémie, 34. — En échelle, 34. — Avantages comparés des charrettes et des chariots, 34. — Tombereau, 35. — Son utilité spéciale, 35. — Charrette commune, 35. — Guimbarde, 36. — Charrette écossaise, 37. — Ses avantages, 37. — Chariots flamand et picard, 37. — Chariot à la Malbrouck, 37. — Sa construction, 38. — Économie résultant de son emploi, 38.

CHAPITRE IV.

Plantoir commun, 40. — Plantoir ferré à plusieurs pointes, 40. — Ses avantages, 40. — Manière de s'en servir, 40. — Dibble, 41. — Sa forme, 41. — Son emploi, 41. — Comment on dibble les pommes de terre, 41. — Dibbles pour les céréales, 42. — Dibble Newington, 42. — Causes de son abandon, 42. — Dibble Le Docte, 43. — Avantages de son emploi, 43. — Économie de sa construction, 43. — Semoirs, 44. — Coffre à semence, 44. — Tubes conducteurs, 44. — Socs, 44. — Dépôt des grains en lignes, 44. — Coffre aux engrais pulvérulents, 44. — Semoir-brouette, 45. — Ses avantages dans la petite culture, 45. — Graines qu'il peut semer, 45. — Facilité de son emploi, 45.

CHAPITRE V.

Instruments pour la fenaison, 46. — Faux, 47. — Fourches, 47. — Faneuse mécanique, 47. — Ses avantages, 47. — Râteau à cheval, 48. — Instruments pour la moisson, 48. — Faucille, 48. — Son antiquité, 48. — Faux garnie, 48. — Sape, 49. — Piquet, 50. — Machines à moissonner, 51. — Leur construction, 51. — Machine de Mac-Cormick, 51. — Moissonneuse de Gournier, 52. — Conditions dans lesquelles leur emploi est avantageux, 52. — Application de ces machines au fauchage des prairies, 52.

CHAPITRE VI.

Dépiquage sans instrument, 53. — Rouleau à dépiquer, 54. — Causes qui limitent son emploi, 54. — Fléau, 54. — Battage au fléau, lent et incomplet, 54. — Machines à battre, 55. — Principe de leur construction, 55. — Services qu'elles peuvent rendre, 56. — Tarare, sa construction, sa manière de fonctionner, 56. — Trieurs mécaniques, 58. — Ventilation pour la conservation des grains dans les greniers, 59. — Divers procédés de destruction des charançons, 60.

— Construction des tuyaux de ventilation, 60. — Effet des courants d'air contre la multiplication des insectes, 60.

CHAPITRE VII.

Hache-paille, 62. — Manière dont il fonctionne, 62. — Ses avantages, 62. — Nécessité de donner du fourrage haché aux bestiaux, 63. — Grands hache-pailles mus par la vapeur, 63. — Coupe-racines, 64. — Cylindre à lames, 64. — Volant à manivelle, 64. — Avantages du mélange de foin haché et de racines coupées, 65. — Dépense de force qu'exige la manœuvre du coupe-racine, 66. — Concasseur, 66. — Principe d'après lequel il est construit, 66. — Économie résultant de l'emploi de grains concassés pour l'engraissement du bétail, 67.

CHAPITRE VIII.

Travaux des champs, 69. — Labours, 70. — Époque des labours, 70. — Terre fraîche, 71. — Vérification de son humidité, 71. — Temps disponible pour le labourage, 72. — En France, 72. — En Suède, 72. — Labours à la bêche, 72. — Jauge, 73. — Temps nécessaire pour bêcher un hectare, 73. — A la journée, 73. — A la tâche, 74. — Labours à la charrue, 74. — D'aération, 75. — Rapport de l'épaisseur de la bande à la profondeur de la raie, 75. — Labours de nettoyage, 76. — Formes diverses des labours, 77. — A plat, 77. — En planches, 77. — En billons, 78. — Mode d'exécution, 79.

CHAPITRE IX.

Conditions d'un bon labour, 81. — Promptitude d'exécution, 81. — Égalité de profondeur, 81. — Ce que c'est que le plancher, 82. — Approfondissement progressif des labours, 82. — Inclinaison de la bande, 83. — Ameublissement du sol, but principal des labours, 83. — Rectitude des raies, 84. — Défoncements, 85. — A la houe à bras, 87. — A la charrue, 88. — Façons superficielles, 89. — Buttages, 89. — Emploi du buttoir, 89. — De l'extirpateur, 90. — Du scarificateur, 91. — De la houe à cheval, 91.

CHAPITRE X.

Hersages, 93. — Circonstances dans lesquelles ils sont les plus utiles, 93. — Hersage des terres labourées, 94. — Entraîne les racines des mauvaises plantes vivaces, 94. — Rend le laboureur maître de sa terre, 94. — Hersage avant les semailles au semoir, 94. — Avant et après les semailles à la volée, 94. — Hersages des céréales, 95. — Détruit les effets du hâle de mars, 95. — Aide les céréales à taller, 95. — Hersage des prairies, 96. — Ses effets utiles,

96. — Roulages, 97. — Pour égaliser la surface du champs, 97. — Pour briser les mottes des terres argileuses, 98. — Pour raffermir et rechausser les plantes des champs emblavés, 98. — Pour consolider les gazons des prairies au printemps, 99.

CHAPITRE XI.

Semailles, 100. — Conditions qu'elles doivent réunir, 100. — Choix des grains de semence, 101. — Le froment Lamma, 101. — Danger d'adopter une céréale nouvelle sans la bien connaître, 101. — Semailles des céréales, 101. — Remèdes contre la carie et le charbon, 102. — Chaulage, 102. — Dosage de la chaux, 102. — Du sel, 102. — Du sulfate de soude, 103. — Sulfatage, 103. — Dosage du vitriol bleu, 103. — Ses dangers pour les ouvriers, 104. — Pralinage du seigle, 104. — Ses effets, 104. — Dosage des grains de semence, 105. — Semailles claires, 105. — Serrées, 105. — Moyen de les déterminer, 105. — Époque des semailles, 106. — Variable comme la température, 106. — Semailles à la volée, 106. — Au dibble, 107. — Au semoir, 107. — Avantages de l'emploi du semoir dans la grande culture, 108.

CHAPITRE XII.

Fenaison, 109. — Son importance pour conserver la fertilité du sol, 109. — Fauchage, 110. — Conditions d'un bon fauchage, 110. — Inconvénients d'un mauvais, 110. — Ce qu'un bon faucheur peut couper par jour, 111. — Époque du fauchage, 112. — Dangers d'un fauchage trop tardif, 112. — Fanage, 112. — Son influence sur la qualité du foin, 113. — Fanage mécanique, 114. — Râtelage, 114. — Poids moyen des bottes de foin, 114. — Sel ajouté au foin des prés marécageux, 114. — Ses effets, 115. — Meules de foin, 115. — Leurs formes diverses, 115. — Méthode de Klapmayer, 115. — Récolte des graines de prairies, 117. — Rentrée des foins dans les greniers, 118.

CHAPITRE XIII.

Moisson, 120. — Grains récoltés très-mûrs, 120. — Récoltés avant maturité, 121. — Moisson à la faucille, 121. — Lente et pénible pour le moissonneur, 122. — Moisson à la faux, 122. — Difficulté du fauchage des céréales, 122. — Moisson à la sape, 123. — Piqueteur, 123. — Emploi du piquet, 123. — Moisson à la machine, 124. — Moyettes, 124. — Moyettes flamandes, 125. — Leurs avantages, 125. — Récolte des sarrasins, 125. — Du colza, 127. — De la navette, 128. — De la caméline, 129. — Du pavot-œillette, 129. — Des graines légumineuses, 130. — Du lin, 132. — Du chanvre, 133.

TABLE ALPHABÉTIQUE

——

A

Age de la charrue.   15
Ameublissement du sol.   85
Araire de Roville.   19
Aramon.   14
Arriau.   15
Avant-train.   18

B

Bande de terre. — Son épaisseur.   75
—   Son inclinaison.   85
Battage des grains au fléau.   54
—   à la machine.   55
Bêchard.   14
Bêche commune.   10
— flamande.   11
— à tranchant courbe.   10
Billons.   25
Bottes de foin, leur poids moyen. 114
Brouette à côtés pleins.   55
— à claire-voie.   54
— à couvercle.   54
Buttage.   25
— (Mode d'exécution du).   89
Buttoir.   24
— (Emploi du).   89

C

Carie des grains (Remède contre la). 102
Charançon (Destruction du).   60
Charbon des grains (Remède contre le). 102
Chariot flamand.   37

Chariot à la Malbrouck. 57
Charrue. 14
— à avant-train 15
— anglaise de Ransome. 18
— de Brabant. 18
— de Dombasle. 19
— écossaise de Small. 18
— fouilleuse d'Altenburg. 22
— Grangé. 20
— Rohaldo de Bohême 18
— (Équilibre de la). 20
Charrues étrangères. 18
— française. 18
Charrette à bœufs. 34
— commune. 35
— écossaise. 37
— Guimbarde. 38
Chaulage des grains. 102
Chaux pour le chaulage. 102
Civières. 66
Concasseur. 34
Colza (Récolte du). 127
Coupe-racines. 64
Couteau. 17
Coutre. 17
Cylindre à lames du coupe-racines. 64

D

Défoncement. 85
— à la houe. 87
— à la charrue. 88
Dépiquage des grains. 53
Dibble, son emploi. 41
— pour les céréales. 42
— Le Docte. 43
— Newington. 45

E

Extirpateur. 25
— (Emploi de l'). 90

F

Façons superficielles. 89

Fanage.   112
   — mécanique.   114
Faneuse mécanique.   47
Fauchage.   110
   —   (Époque du).   112
   —   tardif; ses inconvénients.   112
   —   des céréales; ses difficultés.   123
   —   mécanique.   52
Faucille.   48
Faux.   47
   — garnie.   48
Fenaison.   109
Fléau.   54
Flèche de la charrue.   15
Fourcas.   14
Fourches.   47
Foin rentré dans les greniers.   118
Fourrage haché.   65
Froment Lammas.   101

G

Grains concassés.   67
   — récoltés mûrs.   120
   — avant maturité.   121
   — pour semence.   101
   —   —   (Dosage des).   105
Graines de prairies.   117
Griffon.   26

H

Hache-paille.   65
   —   mû par la vapeur.   65
Hersages.   95
   — avant et après les semailles.   94
   — des céréales au printemps.   95
   — des prairies.   96
   — des terres labourées; son effet utile.   94
Herse commune.   28
   — à dents de bois.   28
   — à dents de fer.   28
   — pour les graines de prairies.   29

Herse de Norvége. 30
Houe à bras. 12
— à cheval. 27
— son emploi. 91

I

Instruments aratoires. 9
— complémentaires de la charrue. 25
— pour la fenaison. 46
— pour la moisson. 48
— de transport (Choix des). 32

J

Jauge des labours à la bêche. 75

K

Klapmayer, sa méthode de fanage. 115

L

Labour (Conditions d'un bon). 81
— en billons. 78
— en planches. 77
— à plat. 77
Labourage (Temps disponible pour le). 72
Labours. 70
— (Approfondissement des). 82
— (Époques des). 70
— d'aération. 75
— à la bêche. 72
— à la charrue. 74
— de nettoyage. 76
— (Formes diverses des). 77

M

Machine à battre les grains. 55
— à moissonner. 51
— — de Gournier. 52
— — de Mac-Cormick. 51
Méthode de Klapmayer. 115
Meules de foin. 115
Moisson. 120
— à la faucille. 121

Moisson à la faux 122
— à la machine 124
— à la sape 125
Moyettes 125

P

Pic 12
Pioche 13
Piquet 50
— (Emploi du) 123
Piqueteur 123
Pralinage du seigle 104

R

Raie (Profondeur de la) 75
Raies (Rectitude des) 84
Râtelage des foins 114
Rayonneur 29
Récolte de la caméline 129
— du colza 127
— de la navette 128
— du pavot-œillette 129
— des graines légumineuses 130
— du sarrasin 125
— du lin 132
— du chanvre 133
Roulage 97
— des terres emblavées 98
— des prairies 99
Rouleau de bois 29
— compresseur 50
— à cercles dentés 50
— squelette 50

S

Sape 49
Seigle (Pralinage du) 104
Sel ajouté au foin 114
Semailles 100
— claires 105
— au dibble 107

Semailles serrées. 103
—   au semoir. 107
—   à la volée. 106
Scarificateur. 27
—   (Emploi du). 91
Semoir. 44
Semoir-brouette. 45
Sep. 16
Soc. 16
— (Fonctions du). 16
Sulfatage des grains. 103

T

Talon. 16
Tarare. 56
Teignes des blés. 60
Temps nécessaire pour bêcher un hectare. 75
Terre fraîche. 71
Tombereau. 55
—   des Landes. 55
Travail à la journée. 75
— à la tâche. 74
Travaux des champs. 69
Trieur mécanique. 58
Tue-teignes. 60

V

Ventilateur pour les grains. 50
Versoir. 16
—   de bois. 16
—   de fer forgé. 16
—   de fonte de fer. 16